新型农民现代农业技术与技能培训丛书

柑橘园艺工培训教材

伊华林　编著

金盾出版社

内 容 提 要

本书由华中农业大学园艺林学学院伊华林编著。华中农业大学园艺林学学院罗杨、杨亚婷，武汉东湖风景管理局鲁卫星，湖北长阳土家族自治县农业局覃伟等同志，在书稿部分内容资料搜集整理上做了大量工作。内容包括：柑橘园艺工的岗位职责与素质要求、必须掌握的基础知识，柑橘品种和砧木的选择、苗木培育与高接换种技术、建园技术、土肥水管理技术、整形修剪技术、花果管理技术、病虫害与自然灾害的防治(御)、果实的采收和处理及贮运等10章。本书内容丰富，技术先进，并注重针对性和可操作性，可作为柑橘园艺工的培训教材和广大农民的自学用书，也可供农业院校果树专业师生和基层果树技术人员阅读参考。

图书在版编目(CIP)数据

柑橘园艺工培训教材/伊华林编著 .—北京：金盾出版社，2008.6
(新型农民现代农业技术与技能培训丛书)
ISBN 978-7-5082-5119-6

Ⅰ.柑… Ⅱ.伊… Ⅲ.柑橘类果树-果树园艺-技术培训-教材
Ⅳ.S666

中国版本图书馆 CIP 数据核字(2008)第 070791 号

金盾出版社出版、总发行
北京太平路5号(地铁万寿路站往南)
邮政编码：100036 电话：68214039 83219215
传真：68276683 网址：www.jdcbs.cn
封面印刷：北京金盾印刷厂
正文印刷：北京大天乐印刷有限公司
装订：北京大天乐印刷有限公司
各地新华书店经销

开本：850×1168 1/32 印张：4.75 字数：116千字
2008年6月第1版第1次印刷
印数：1—10000册 定价：9.00元

新型农民现代农业技术与技能培训丛书

序　言

中共中央、国务院[2007] 1 号文件明确指出，加强“三农”工作，积极发展现代农业，扎实推进社会主义新农村建设，是全面落实科学发展观、构建社会主义和谐社会的必然要求，是加快社会主义现代化建设的重大任务。

我国农业人口众多，发展现代农业、建设社会主义新农村，是一项伟大而艰巨的综合工程，不仅需要深化农村综合改革、加快建立投入保障机制、加强农业基础建设、加大科技支撑力度、健全现代农业产业体系和农村市场体系，而且必须注重培养新型农民，造就建设现代农业的人才队伍。

胡锦涛总书记在党的十七大报告中进一步指出，要培育有文化、懂技术、会经营的新型农民，发挥亿万农民建设新农村的主体作用。

新型农民是一支数以亿计的现代农业劳动大军，这支队伍的建立和壮大，只靠学校培养是远远不够的，主要应通过对广大青壮年农民进行现代农业技术与技能的培训来实现。金盾出版社在对农业岗位培训进行广泛调研的基础上，与中国农业大学老科技工作者协会、华中农业大学老教授协会等单位共同策划，约请数百名农业专家、学者参加，组织编写了“新型农民现代农业技术与技能培训丛书”(以下简称“丛书”)。“丛书”坚持从现阶段我国青壮年农民的文化技术水平出发，突出现代农业技术与技能的传授，注重其先进性和实用性；“丛书”以教材形式编写，共有 88 个分册，涉及 81 个农业岗位，除水稻农艺工、蔬菜园艺工、蔬菜植保员、果树植保员分南方本和北方本外，其他均为一个岗位一本培训教材，以方便县(市)、乡(镇)、村组织新型农民培训和农业企业进行岗位培训时选用。“丛书”的组编和出版，还得到了河北农业大学、沈阳农业大学、西北农林科技大学、甘肃农业大学、北京农学院、山东畜牧兽医职业技术学院、大连民族学院、中国农业科学院茶叶研究所、中国农业科学院油料研究所、中国农业科学院郑州果树研究所、中国农业科学院特产研究所、中国农业科学院桑蚕研究所、中国养蜂学会、内蒙古自治区农牧科学院、甘肃省蔬菜研究所、山东省果树研究所、广西壮族自治区柑桔研究所、山西省畜牧兽医研究所等单位部分专家、教授的支持和参与，并列入劳动和社会保障部《全国职业培训与技能鉴定用书目录》，进行推荐，使我们深感欣慰，在此表示衷心感谢。我们希望和相信，通过“丛书”的出版发行，能为新型农民队伍的发展壮大贡献一份力量，也能为现代农业技术与技能培训积累一些可供借鉴的经验。

“丛书”编写时间有限，各分册存在不足或错漏在所难免，恳请同仁和各使用单位批评指正。

编 委 会

2008 年 1 月

目　录

第一章　柑橘园艺工的岗位职责与素质要求

柑橘园艺工是按照柑橘生长发育特点、市场需求进行生产管理，以获得高产优质果品的专业人员。柑橘种类、品种多，适宜发展地区气候、土壤类型多样，而且其生长周期长，栽培管理有其独特性。为提高柑橘园艺工的业务能力和管理素质，本章对其岗位职责和素质要求进行简单说明。

一、岗位职责

明确岗位职责有利于增强责任感、提高工作效率，同时便于工作业绩检查和考核。岗位职责具体如下。

一是努力学习、勤于学习，掌握柑橘园艺工必备的专业知识和技能。

二是严格执行单位规章制度，积极领会、主动宣传贯彻中央和地方党委、政府有关柑橘产业经济政策、法规；积极为本地柑橘产业发展规划、计划、方案献计献策，协助制定柑橘生产计划和生产用具、农资购买计划；分析并提出果园工人工作程序，并认真或督促实施。

三是按照岗位分工，承担柑橘园树体管理和有害生物、农田墒情与灾害等的监测、预报、预警工作，及时准确地为柑橘生产者提供产前、产中、产后技术和信息服务；积极组织并参加民间农业科技服务组织和农民专业技术协会（研究会）开展技术研究与示范、推广活动。

四是以提高柑橘果品品质为目的和根据农户需求，进行新技术、新品种的引进、试验、示范和先进实用技术的集成创新，成熟后在当地组织推广。

五是协助研究机构或农机部门进行新品种、新技术、新机具等的试验、示范。

六是熟悉农业方面的法律、政策和法规。

七是根据安全生产原则，搞好农机、电器规范操作和日常维护。根据无公害柑橘果品生产要求，注意农药、化肥安全使用，做好防火、防盗工作。

八是配合或完成单位领导交办的其他工作任务。

二、素质要求

柑橘果实及其加工制品是消费者喜欢的产品，有较高的营养价值，其产前、产中与产后过程关系到消费者、环境安全。为此，柑橘园艺工必须具备良好的专业素质。

一是拥护党的路线、方针、政策，遵纪守法，爱岗敬业，诚实公正，热爱农技推广事业，具备较强的工作责任心。

二是在生产管理、销售和经营过程中严格按照工作规程和规章制度操作，及时记录，为消费者着想，树立质量、安全和环保意识。

三是工作积极主动、认真，注意掌握市场需求，具有市场竞争意识和能力。

四是要有团结、协作精神。

五是要有服务意识，能积极、主动参与技术培训活动和行业协会组织的活动。

六是应通过自主学习、操作与培训，基本掌握柑橘树体生长、栽培管理及病虫害防治基本知识，尤其要掌握柑橘无公害栽培管理技术。

七是了解国家相关农业政策及柑橘产业现状与市场需求。

八是掌握柑橘生产中各种农机具、化肥、农药的安全使用知识。

九是能制定柑橘生产计划和农业生产资料购买计划。

思考题

1. 一个合格的柑橘园艺工需具备哪些素质?
2. 柑橘园艺工的岗位职责是什么?

第二章　柑橘园艺工必须掌握的基础知识

一、柑橘栽培的生物学基础

(一)柑橘产业的经济、社会与生态价值

柑橘是我国南方各省、自治区、直辖市最重要的栽培果树,现有栽培面积达 173 万余公顷,位列世界第一;总产量超过 1,700 万吨,居世界第二位。柑橘业在三峡、丹江口库区移民安置、赣南革命老区果农致富中起着举足轻重的作用。三峡和丹江口库区的几十万移民就地安置的主要产业就是柑橘业。像重庆市奉节、湖北省秭归及江西省安远等县、市的柑橘业已成为当地国民经济的支柱产业。赣南每年收入不下于 10 万元的柑橘种植户超过 100 个。我国是世界上最大的橘瓣罐头生产国,每年橘瓣罐头出口可创收外汇 2.35 亿美元。据测算,每 1 万美元产值可创造 28 个就业岗位,仅此一种产业可安置 60 余万工人。

我国柑橘产区主要是山地、丘陵地形,过去种植大田作物过度耕作及频繁施肥、打药,造成水土流失及环境污染严重,通过农业产业结构调整种植柑橘等经济作物后结合配套的优质安全栽培技术,水土流失及水源污染问题得到明显缓解。

柑橘全身都是宝,果实营养丰富,富含多种维生素(如维生素 C、维生素 P、B 族维生素和胡萝卜素)。果实除供鲜食、制汁、制罐头外,皮、渣还可提取果胶、色素、香精油等,在日化工业和食品工业中具有极其广泛的应用前景。自古以来,橘皮、橘络、种子、枳实(幼果)都是传统的中药材,在临床上广泛应用。

(二)柑橘的区划与主要产区

1. 区划 以气温为主要指标,兼考虑了日照、雨量及土壤等因子。我国现有柑橘栽培区分布于19个省、自治区、直辖市的893个县(县级市)。20世纪90年代后柑橘生产开始向优势区域集中,目前湖南、江西、四川、福建、浙江、广西、湖北、广东、重庆等9个省、自治区、直辖市的面积和产量已分别占全国的94%和95%。

2. 主要产区 根据年积温、年平均温度、1月份平均温度、极端低温及其出现的频率等气温指标与产区果实品质、规模,农业部颁布的《柑橘优势区域发展规划》将长江中上游柑橘带、赣南—湘南—桂北柑橘带和浙南—闽西—粤东柑橘带以及一批特色柑橘生产基地(简称“三带一基地”)确定为柑橘优势区。这些优势区是我国柑橘的集中产地,其产量已占全国柑橘总产量的45%,优质果率达35%,平均单产700千克/667平方米(1亩,下同)左右,早熟和晚熟产品占20%,均高于全国平均水平。鲜果和橘瓣罐头出口量分别占全国的70%和80%。主栽品种和主导产品符合国内外柑橘市场的需要。

(1)长江中上游柑橘带 该带大部分区域是我国加工甜橙的生态最适宜区,具有发展橙汁加工业的良好自然条件、品种资源和产业基础,可建成我国橙汁加工基地。该带无黄龙病,基本无溃疡病,无周期性冻害,适合各类柑橘的生长,晚熟品种可以安全越冬。

(2)赣南—湘南—桂北柑橘带 该带具有发展甜橙生产的良好自然条件和丰富的土地资源,交通方便,地方政府高度重视,产业基础良好。重点发展优质脐橙,适度发展早熟温州蜜柑以调整品种和熟期结构。

(3)浙南—闽西—粤东柑橘带 生态条件适宜,栽培历史悠久,技术水平高,经济基础好,具有发展特早熟和晚熟柑橘的气候条件。重点发展优质外向型温州蜜柑、椪柑、柚类生产,适度发展早熟温州蜜柑、晚熟椪柑，调整品种和熟期结构。

附：我国甜橙生态区划名录

最适宜区：①华南丘陵平原南亚热带甜橙最适宜区；②长江上中游盆地丘陵浅山中亚热带甜橙最适宜区；③云贵高原干热河谷中、南亚热带甜橙最适宜区。

适宜区：①江南丘陵中亚热带甜橙适宜区；②四川盆地丘陵浅山中亚热带甜橙适宜区；③云贵高原干热河谷中、低山中、北亚热带甜橙适宜区。

次适宜区：①江南丘陵中、北亚热带甜橙次适宜区；②云贵高原中、北亚热带甜橙次适宜区。

我国柑橘生态区划的气温指标见表 2-1。

表 2-1 我国柑橘生态区划的气温指标 （℃）

品种	生态区域	年均温	≥10℃的年积温	极端低温及频率	1月均温
甜橙	最适宜区	18～22	5500～8000	＞－3	7～13
	适宜区	16～18或＞22	5000～5500或＞8000	＞－5、＜－3，且频率低于5年一遇	5～7
	次适宜区	15～16	4500～5000	＞－7、＜－5，且频率低于5年一遇	4～7
	不适宜区	＜15或＞24	＜4500或＞8500	＜－7	＜4
宽皮柑橘	最适宜区	17～20	5500～6500	＞－5	5～10
	适宜区	16～17或20～22	5000～6500或6500～7500	＞－7、＜－5，且频率低于5年一遇	4～5
	次适宜区	14～16或22～23	4500～5000或7000～7500	＞－9、＜－7，且频率低于5年一遇	2.5～4
	不适宜区	＜14或＞23	＜4000、＞3000	＜－9	＜2.5

(三)柑橘的生物学特性

柑橘是多年生常绿果树。它的一生经历营养生长、结果和衰老、死亡的变化,且1年中随四季的气候变化有规律地进行萌芽、抽枝长叶、开花结果、进入相对休眠等物候期。只有深入地了解这些规律,才能不断提高科学种植柑橘的水平,以达到早熟、丰产、稳产、优质、高效、安全的目的。

1. 根的生物学特性 柑橘以嫁接繁殖为主,并常用实生砧木。实生砧木的主根和侧根组成根系的骨架。侧根上分生出大量的须根,须根是根系吸收营养、水分及合成活性物质的活跃部分。须根有生长根和吸收根。每年发生吸收根多的柑橘树生长健壮,产量稳定,树体营养状况好。柑橘的根系主要依靠菌根吸收水分和养分,丰富的有机质及土壤中充足的氧气有利于菌根的繁殖与活动。

柑橘根系分布依种类、品种、繁殖方法、树龄大小、土层深浅、地下水位的高低和中耕施肥等条件不同而有差异。如柚、酸橙、枳橙等根系分布较深,枳、橘等根系较浅;实生苗根系深,而压条、扦插苗根系较浅。实生砧木常有主根而且主根入土较深,空中压条苗木或扦插繁殖的砧木无真正的主根而且主根入土较浅。

根据根系在土壤中分布的方向不同,将根系分为垂直根和水平根。垂直根分布的范围决定了根系分布的深度,水平根分布的范围决定了根系分布的宽度。

柑橘根系的分布,在土层深厚的情况下,根系发达,常具层性。通常有3层,以最上面的第一层根系最发达,第二、第三层根系依次减少。整个根系呈圆锥状,与树冠上部成对称状态。

当土温在12℃左右时,柑橘根系开始生长。柑橘的根系在1年中通常是与枝梢交替生长。在土壤水分适宜的条件下根系在2~11月间连续生长。根系生长是周期性的,1年内有4~5次生长高峰,并且在枝梢生长期内根系的生长缓慢。在枝梢生长停顿时,根系的生长量增加。因此在土壤温度和含水量不受限制时,枝梢生长是控制根系生长强度的主要限制因子。在土壤含水量降低时根系的生长受到抑制。

根系开始生长的土温为 12℃～13℃,适宜生长的土温为 23℃～31℃,土温 37℃以上即停止生长。根系生长适宜的土壤湿度,一般为田间最大持水量的 60%～80%。土壤的透气性对根系生长极为重要,因只有通过呼吸才可以获得根系生长所需要的能量。柑橘新根的生长要求土壤孔隙含氧量在 8%以上;当土壤孔隙含氧量低于 4%时,新根的生长缓慢;含氧量低于 1.5%时,不但新根不可能正常生长,原有根系也将腐烂。因此,土壤积水或板结时,根系生长减弱,叶片黄化,产量降低,甚至不能正常开花结果。

2. 芽和枝梢的生物学特性 柑橘的芽为裸露的复芽,每一叶腋内着生 2～4 个芽,分主芽和侧芽。通常只在枝梢上部 2～3 个叶腋中的主芽萌发新梢。如果抹除早发的芽,可刺激同一叶腋的副芽或附近节位的芽萌发。柑橘的"抹芽放梢"就是利用这一特性。在老枝和主干上具有潜伏芽,可利用潜伏芽进行树冠更新。

根据新梢在生长结果中的作用,可将其分为营养枝与结果枝两类。营养枝指当年不开花结果的枝梢,包括发育枝、徒长枝、纤弱枝等。结果枝是由结果母枝顶端一至数个芽萌发、着生花果的枝梢。柑橘结果枝分为有叶结果枝和无叶结果枝两大类。萌发结果枝的枝条称结果母枝。柑橘 1 年内能抽 3～4 次新梢,有春梢、夏梢、秋梢、冬梢的区别。幼树 1 年多次抽梢,随树龄增大,二、三次梢逐年减少,春、秋二次梢是良好的结果枝。枝梢是树冠的主要组成部分。

春梢是指立春至立夏前抽生的枝梢。由于气温较低,枝梢生长缓慢,所以春梢节间短,叶片较小且先端尖,叶色深、叶脉不明显、翼叶小。发枝量大且抽生较整齐,在中亚热带以北地区是翌年最主要的结果母枝。春梢能继续抽生夏梢、秋梢，所以结果部位便上移到夏、秋梢部分，是1年中最重要的枝梢。

夏梢是指立夏至立秋前抽生的枝梢。因处在高温多雨季节，枝条生长快、节间长。但夏梢抽生不整齐。叶色深绿、肥大而厚，先端微尖、翼叶最大。幼树和生长势旺的树抽生夏梢多。常利用夏梢作骨干枝，使树冠迅速扩大。

秋梢是指立秋至霜降前抽生的枝梢。此时气温虽高，但雨水较少，昼夜温差大。秋梢一般比夏梢充实，粗而节间较短；叶片较春梢大、较夏梢狭长，先端较钝、微凹。秋梢多在春梢上发生，即春、秋二次梢。幼树则有一定数量的春、夏、秋三次梢。生长充实的早秋梢是翌年良好的结果母枝。幼树秋梢结果母枝较成年树多。如五年生大红甜橙幼树，夏梢进行摘心，秋梢结果母枝多的达37%。而成年树一般秋梢结果母枝较少。

冬梢是指立冬后抽生的枝梢。在初冬气温较低的地区，冬梢无利用价值。

由于柑橘1年多次抽梢，据其在同一枝上连续抽发的次数，可以分为一次梢、二次梢、三次梢等。从上1年的枝上抽发1次的梢即为一次梢。从春梢上再抽夏梢或秋梢的即为夏秋梢、春秋梢，都是二次梢。以此类推三次梢。在四川盆地，二次梢是甜橙和宽皮柑橘的重要结果母枝，春梢是主要结果母枝。

柑橘新梢生长到一定长度以后前端数节则停止生长。经1~2天，在靠近顶端1~4节处，产生离层而脱落，这种现象称为自剪。在下一个季节或翌年，断口下的一个或几个叶腋的侧芽代替顶芽生长，形成假轴分枝的特性。由于假轴反复继续分枝，没有明显的主干，树冠的形状多为圆头形或近似圆头形。

柑橘枝梢生长也具有垂直优势。柑橘直立枝优势强，不利于花芽形成。横生枝和下垂枝有利于营养积累形成花芽。

柑橘枝干忌阳光直射。强光暴晒枝干易发生日灼。因此柑橘的修剪不宜过重，要注意枝干的荫蔽。

3. 叶的生物学特性 柑橘的叶仅有枳一个种为三出复叶，其余皆为单身复叶。叶身与翼叶之间有节，保留着复叶的痕迹。多数柑橘叶柄有翼叶。柚类的叶片最大，金柑的最小，甜橙与宽皮柑橘居中。同一品种又以夏梢叶片最大，春梢叶最小。

叶是贮藏养料的重要器官，丰富的碳水化合物都贮存于叶片中，贮藏的氮素占全树总氮量的40%以上。磷在叶中的含量仅次于花，钾在叶中的含量仅次于果。一般在正常落叶前养分回流树体。如提早落叶，氮素和其他营养成分损失很大。因此，栽培上要保护叶片的正常生长发育，防止过早落叶才能获得高产。叶片的颜色和矿质元素的含量反应树体的营养和健康状况。如缺铁叶肉失绿而叶脉仍为绿色，为网纹状失绿，这是形态诊断的依据。

柑橘类除枳为落叶性、枳橙为半落叶性之外，其余均为常绿性。实际上柑橘的叶片不像落叶果树那样在休眠之前集中落叶，而是1年中陆续发生新叶、陆续脱落老叶从而显示出常绿的特性。柑橘叶片的寿命为12～24个月或更长。一、二年生叶片是叶幕构成的主体。叶片寿命的长短与树体的营养状况和栽培条件密切相关。低温、营养或水分不足，根腐病或叶螨等伤害因素均可导致叶片的异常脱落，严重的还可导致树势衰弱、畸形花增多和花果脱落。通常认为丰产园叶面积指数以4～6为宜。

4. 花芽分化、果实发育特性

(1)花芽分化　当树体具备成花条件时，营养枝上的某些叶芽分化成花芽。柑橘的花芽为混合芽，花芽萌发，抽出新梢，在新梢上开花结果。花芽分化的时期因种类、品种与产地气候条件的不同而异。亚热带地区的大多数柑橘种类是在冬季果实成熟前后开始形态分化，至翌年春季萌芽前花芽内各部发育完成。在同一植株上以春梢分化较早，夏梢及秋梢次之，有时秋梢分化期比春梢晚1个月左右，但可较快地完成整个分化过程。据在重庆地区观察，甜橙在10月份大部分进入生理分化初期,翌年2月中旬开始形态分化,3月中旬分化完毕。在同一植株上,各个时期可能重叠。如2月中旬,分化期、花萼期、花瓣期与雄蕊期4个时期同时存在。影响花芽分化的因素包括:①环境条件:在亚热带地区秋、冬季2~4个月的冷凉气温是柑橘成花的主要诱导因素;在热带地区生长的柑橘,由于不存在低温条件,其成花的主因是干旱。广州地区,人们为了在春节观赏到金柑和四季橘的金黄色果实,最常见的技术就是控水促花。②营养物质:在柑橘的栽培过程中有利于贮存糖类的措施,就有利于促进花芽分化。小年时树体积累的糖类多,分化花芽多,翌年为结果大年。栽培中常采用的环剥或环割、疏果等技术,能促进分化花芽,都与增加树体内糖类的积累有关。③生长调节剂:在花芽生理分化期喷布赤霉素,会抑制花芽分化;相反,喷布多效唑、矮壮素等拮抗赤霉素的生长调节剂,能明显地促进花芽分化。

(2)果实发育　柑橘是由子房发育而成的柑果,连接果柄的部分称为果蒂,近果蒂的一端称为果基,与果基相对的部分为果顶。果实由果皮、果肉和种子3部分组成。果皮由外果皮和中果皮组成,外果皮即油胞层,中果皮即白皮层。果肉由子房内壁发育而成(称囊瓣),内含汁胞和种子。囊瓣壁上的维管束称橘络。中心柱为果实中心的海绵柱状维管束。柑橘果实发育过程分3个时期:一是细胞分裂期,即自开花至第二次生理落果结束的时期。在此期内果实各组织(如果皮、砂囊细胞)反复分裂以增大果实。二是细胞增大期,即自第二次生理落果结束起,至果实开始着色为止。这个时期果实各部分的细胞迅速增加,果实体积增长较快。此时期与夏梢生长存在养分竞争,同时对水分的需求比较明显。三是果实成熟期,即从果实开始着色到完全成熟的过程。这一时期果实将发生一系列的明显变化,如果皮着色,组织软化、可溶性固形物和糖增加,酸减少,果实风味逐渐变浓并表现出特有的外观和内质。

二、柑橘的无公害食品质量标准及认证

我国从2001年开始在全国实施“无公害食品行动计划”。完善的无公害食品质量标准体系是顺利实施该计划的基本保证。中华人民共和国农业部于2001年9月3日分别发布了:《无公害食品　柑橘》、《无公害食品　柑橘产地环境条件》和《无公害食品　柑橘生产技术规程》。柑橘无公害生产即按照规定的环境条件和生产技术规程进行生产。无公害食品是指产地环境、生产过程和终端产品符合无公害食品标准及规范,经过专门机构认定、许可使用无公害食品标识的食品。在我国无公害食品的认证机构较多,每个省、自治区、直辖市的农业主管部门都在进行无公害食品的认证工作,但只有在国家工商局正式注册标识商标其认证才有法律效力。无公害食品的认证是以检查认证和检测认证并重为原则,同时强调从土地到餐桌的全程质量控制;对环境技术条件的评价采用调查评价与检测评价相结合的方式。

(一)产品标准

无公害柑橘的质量标准应符合国家农业部下发的NY 5014—2001《无公害食品　柑橘》中的相关要求。

1. 果形　具该品种特征。果形整齐,果蒂完整平齐,果实无萎蔫现象。

2. 色泽　自然着色。具该品种成熟果实的特征色泽,色泽均匀。上市销售的果实自然着色面积应大于全果的1/3。

3. 果面　新鲜光洁,无日灼、物理损失及病斑、虫伤等。

4. 果肉　具该品种果肉质地和色泽特征,无枯水、粒化现象。

5. 风味　具该品种特征风味香气,无异味。

6. 缺陷果允许度　同批次产品中腐烂果不超过1%，严重缺陷果不超过2%，一般缺陷果不超过5%。

7. 无公害柑橘安全卫生标准　见表2-2。

表2-2　无公害柑橘安全卫生标准　(单位：毫克/千克)

名　称	指　标	名　称	指　标
砷	≤0.5	氰戊菊酯	≤2.0
铅	≤0.2	敌敌畏	≤0.2
汞	≤0.01	乐果	≤2.0
甲基硫菌灵	≤10.0	喹硫磷	≤0.5
毒死蜱	≤1.0	除虫脲	≤1.0
杀扑磷	≤2.0	辛硫磷	≤0.05
氯氟氰菊酯	≤2.0	抗蚜威	≤0.5
溴氰菊酯	≤0.1	注：禁止使用的农药在果实中不得检出	

8. 理化性状标准　见表2-3。

表2-3　理化性状标准

项　目		指　标							
		甜橙类			宽皮柑橘类			柚　类	
		脐橙	低酸甜橙	其他	温州蜜柑	椪柑	其他	沙田柚	其他
可溶性固形物(%)		≥9	≥9	≥9	≥8	≥9	≥9	≥9	≥9
固酸比		≥9	≥14	≥8	≥80	≥13	≥9	≥20	≥8
可食率(%)		≥70	≥70	≥70	≥75	≥65	≥65	≥40	≥45
果实横径(毫米)	大果型品种	≥70	—	—	—	≥60	—	≥130	≥130
	中果型品种	—	—	≥55	≥55	—	≥50	—	—
	小果型品种	—	≥50	≥50	—	—	≥40	—	—
	微果型品种	—	—	—	—	—	≥30	—	—

注：1. 低酸甜橙指新会橙、柳橙、冰糖橙等品种

2. 橘橙、橘柚等杂交品种则以其主要性状与表中所列最接近的类别判定

(二)产地环境标准

中华人民共和国发布的农业行业标准:NY 5016—2001《无公害食品　柑橘产地环境条件》的标准如下。

1. 园地选择　生态条件符合优质柑橘生产条件,远离污染源。

2. 产地空气质量要求　见表2-4。

表2-4　空气中各项污染物的浓度限值

项　目	日平均浓度	一小时平均浓度
总悬浮颗粒物(标准状态)	≤0.3毫克/米^3	—
二氧化硫(标准状态)	≤0.15毫克/米^3	≤0.5毫克/米^3
二氧化氮(标准状态)	≤0.12毫克/米^3	≤0.24毫克/米^3
氟化物(标准状态)	≤7微克/米^3	≤20微克/米^3

3. 产地灌溉水质量要求　见表2-5。

表2-5　灌溉水质量标准

项　目	指　标	项　目	指　标
pH 值	5.5~8.5	铬(六价)	≤0.1(毫克/升)
总　汞	≤0.001(毫克/升)	氟化物	≤3(毫克/升)
总　镉	≤0.005(毫克/升)	氰化物	≤0.5(毫克/升)
总　砷	≤0.1(毫克/升)	石油类	≤10(毫克/升)
总　铅	≤0.1(毫克/升)	氯化物	≤250(毫克/升)

4. 产地土壤环境质量要求　见表2-6。

表 2-6　产地土壤环境质量标准

项　目	指标(毫克/千克)		项　目	指标(毫克/千克)	
	pH＜6.5	6.5＜pH＜7.5		pH＜6.5	6.5＜pH＜7.5
总　镉	≤0.3	≤0.3	总铬(三价)	≤150	≤200
总　汞	≤0.3	≤0.5	总　铜	≤50	≤100
总　铅	≤250	≤300	总　砷	≤40	≤30

5. 施肥原则　无公害柑橘果品生产中,应根据土壤肥力和果树的需肥规律,确定施肥种类和施肥量。提倡配方施肥,施肥以有机肥为主、化肥为辅。无公害果品生产中允许使用农家肥料、商品有机肥、微生物肥、化肥和叶面肥,禁止使用未经无害化处理的城市垃圾或含有重金属、橡胶和有害物质的垃圾,禁止使用含氯复合肥、硝态氮肥和未腐熟的人粪尿,禁止使用未获准登记的肥料产品。

6. 病虫害防治　积极贯彻“预防为主,综合防治”的植保方针。以农业和物理防治为基础,提倡生物防治,按照病虫害的发生规律和经济阈值,科学使用化学防治技术,有效控制病虫害。提倡使用生物源农药、矿物源农药如硫制剂、铜制剂和矿物油乳剂。禁止使用剧毒、高毒、高残留农药和致畸、致癌、致突变农药。为从源头上解决包括柑橘果品等农产品的农药残留问题,生产出安全、卫生的农产品,国家明令禁止使用的农药有:六六六、滴滴涕、毒杀芬、二溴氯丙烷、杀虫脒、二溴乙烷、除草醚、艾氏剂、狄氏剂、汞制剂、砷类无机制剂、铅类无机制剂、敌枯双、氟乙酰胺、甘氟、毒鼠强、氟乙酸钠、毒鼠硅、甲胺磷、甲基对硫磷、对硫磷、久效磷、磷胺、甲拌磷(3911)、甲基异柳磷、特丁硫磷、甲基硫环磷、治螟磷、内吸磷、克百威、涕灭威、灭线磷、硫环磷、蝇毒磷、地虫硫磷、氯唑磷、苯线磷、氯丹、五氯酚钠、三氯杀螨醇、杀螟威、塞丹、林丹、甲基一六〇五、一六〇五、一〇五九、甲胺磷、乙酰甲胺磷、久效磷、磷胺、异丙磷、三硫磷、高效磷、氧化乐果、毒蝇磷、高渗硅硫磷、马甲磷、乐胺磷、速胺磷、水胺硫磷、大风雪、治螟磷、叶胺磷、克线丹、克线磷、达甲、敌甲畏、久敌、敌甲治、敌甲、氨基甲酸酯类、速灭畏、克百威(呋喃丹)、速扑杀、铁灭克、灭多威、熏蒸剂、磷化铝、氯化苦及一些杀虫剂如砒霜、苏化二〇三、西力生、赛力散、益舒宝、氧化氰、氰化物、401抗菌素、普特丹等80多种(类)农药。限量使用的农药见表2-7。

表2-7　柑橘无公害生产限量使用的农药清单

农药名称	剂　型	667米^{2}用药量(毫升)	667米^{2}最高用药量(毫升)	最多使用次数	安全间隔天数
氯氰菊酯	10%乳油	20	30	3	2~5
氯氰菊酯	25%乳油	12	16	3	3
顺式氯氰菊酯	10%乳油	5	10	2	3
氰戊菊酯	20%乳油	15~25	40	3	5
溴氰菊酯	2.5%乳油	20	40	3	2
联苯菊酯	10%乳油	5	10	3	4
喹硫磷	25%乳油	60	100	1~2	9
抗蚜威剂	50%可湿性粉剂	10~20	30	3	6
毒死蜱	48%乳油	50	75	3	7
优杀硫磷	35%乳油	130	190	2	7
功　夫	2.5%乳油	25	50	3	7
来福灵	5%乳油	10	20	3	3
马扑立克	10%乳油	25	50	3	7
琥胶肥酸铜	10%胶悬剂	150	300	4	3
杀毒矾锰锌	64%可湿性粉剂	110(克)	130(克)	3	3
甲霜灵锰锌	58%可湿性粉剂	75	120	3	1
百菌清	75%可湿性粉剂	145	270	3	7

使用化学农药时，加强病虫害的预测预报，有针对性地适时用药，未达到防治指标或益害虫比例合理的不用药。根据天敌发生特点，合理选择农药种类、施用时间和施用方法，保护天敌，充分发挥天敌对害虫的自然控制作用。农药使用浓度、年使用次数和安全间隔期严格按 GB/T 8321 标准执行，喷药均匀周到。注意不同作用机理农药的交替使用和合理混用，以延缓病菌和害虫产生抗药性，提高防治效果。

思考题

1. 我国优势柑橘产区主要分布地在何处？适宜发展的主要柑橘品种类型有哪些？

2. 柑橘枝梢的生长发育规律是什么？

3. 生产无公害柑橘果品的关键技术环节有哪些？

第三章 柑橘品种和砧木的选择

一、柑橘优良品种

(一)优良品种的标准

优良柑橘品种应具备较好的适应性、丰产性,品质优且抗性强。随着老龄化社会的来临及劳动力的缺乏,耐粗放管理的品种也较受生产者喜爱。耐粗放管理与品种抗性有一定相关性。适应性主要是与环境(气候、土壤等)的和谐。抗性强是对冷、热、旱、涝、瘠、病和虫有一定的耐受力或免疫,易栽、易管,其优点是人力与物力投入少,且适应性强。丰产性包括产量高且稳产。品质优包括果实的品质、外观等较受消费者欢迎,耐贮运也是构成优良品种品质的一个重要属性。优良品种具有时间性与地域性。时间性是指随着社会经济的发展,消费者对鲜食或加工品种的要求也在不断提高,品种需要周期性更新。地域性是指不同的产地气候、土壤环境条件不同,适宜种植的品种在一些生物学特性或农艺性状上可能要求不同。

(二)地方优良品种的优点及局限性

我国有很多地方优良品种,如沙糖橘、冰糖橘、冰糖橙。还有一些低酸甜橙品种,如暗柳橙、常山胡柚等。地方品种在特定的产区栽培大多性状优良、品质佳,但适应性有局限性。在环境条件不同的产区发展,其品质差异较大,因而其发展空间有限。如桃叶橙在湖北省秭归发展综合品质较佳,但在其他产区发展品质一般。

一些产区不顾地方良种的适应性，盲目引种，其结果产品鱼目混珠，影响原产地产品的声誉。另外，我国地方优良品种的另外一个局限性是由于长期没有选优，在一些农艺性状上与现代市场需求还有一些差距。如沙田柚种子多、可食率低，冰糖橙有籽、果实小等。所以地方优良品种的改良空间很大。

(三)优良品种介绍

柑橘优质栽培品种主要集中在宽皮柑橘、甜橙、柚及柠檬、金柑中。柑橘栽培品种有鲜食与鲜食加工兼用两大类，用途不同，其特性要求也有一些不同。鲜食品种对果实外观、内质及耐贮运性均有较高要求。果实的外观主要是果实的大小、形状，果皮的色泽、厚薄，果面的光滑等。如脐橙果实横径在80毫米、果皮橙红色、圆球形或长椭圆形较受消费者喜爱；而温州蜜柑扁圆形、果实横径在50～60毫米畅销。果实内质包括风味、香气和营养成分。柑橘鲜食品种理想的风味是甜酸可口、有香气。柑橘果肉要求细嫩，可食率高，果汁率高，囊壁薄，易化渣。除此之外，无核也是重要性状。而加工品种对果实外观要求没有鲜食品种高，但对其内质与栽培性能要求较高。要求易栽培、易达到早结果且丰产稳产、优质，少核或无核，高糖、含酸量适中。作为橙汁加工品种需出汁率高，果汁色泽鲜艳，具芳香，风味浓郁，无苦涩等异味和浑浊度稳定等性状；作为橘瓣罐头加工品种要求果中大，皮薄易剥皮、囊瓣整齐易分离，汁胞结合紧密、颜色鲜艳、嫩而不软。在我国由于加工业不是很发达，加工品种一般为鲜食与加工兼用型。

1. 宽皮柑橘类

(1)温州蜜柑　是日本从我国浙江黄岩带去的种子，经实生变异选成的品种，其祖先可能是浙江的本地广橘。温州蜜柑在我国发展迅速，目前占柑橘总面积一半左右，遍布全国柑橘产区，我国主栽的温州蜜柑品种主要来自于日本。

温州蜜柑树冠呈不整齐的圆头形,较矮小、开张。枝梢长软披垂,无刺。叶较大、长椭圆形或菱形,主侧脉较明显,叶柄较长,叶翼狭长。花大,达 3.5 厘米,白色,花瓣反卷,花单生或丛生,花粉不育,单性结实。果实扁圆形,大小因品系而差异较大,橙黄色至橙红色,油胞粗大。囊瓣 8~13 瓣,易分离,囊壁较厚韧,果心空。汁胞橙黄色至橙红色,排列紧密整齐,柔软多汁,风味酸甜,品质优良。9 月下旬至 12 月下旬成熟。无核,多胚。适应性强,可耐 -9℃低温,耐旱耐瘠,抗溃疡病性较强。生长快,结果早,产量较高。品质好,较耐贮运。适于中亚热带以北橘区栽培。除鲜食外,还是制糖水罐头的良好品种。温州蜜柑易发生芽变,在栽培条件变更时更易发生,现有 100 多个品系均来源于无性系变异。温州蜜柑按成熟期早晚可分为下述两群:①普通温州蜜柑群。树势健壮高大,枝梢节间较长。每节具 1~2 芽,芽小。果中大,品质佳。耐贮藏,适于加工,较丰产。11~12 月份成熟。我国主栽的品种有尾张、清江等,较适合制罐。②早熟温州蜜柑群。树势较弱,树冠矮小。枝条节间密。每节 2~3 芽,芽大。果大。9 月初至 10 月中下旬成熟。较稳产,品质佳,但日灼病较严重。我国栽种较多的有宫川、兴津、龟井、国庆 1 号、国庆 4 号等。此外,近年引入的极早熟品种有桥本、胁山、松山、大浦、宫川早生、兴津早生等。国庆 1 号、国庆 4 号、石浦 16 号、湖塘 73-1、鄂柑 2 号等为我国自主选育的温州蜜柑新系。

(2)蕉柑　又名桶柑。原产于我国广东省,系柑与甜橙的自然杂交种,以粤东和闽南品质最佳。树冠圆头形、稍矮小,枝条开张略下垂。叶狭小,长椭圆形,两端尖。果实圆球形或扁圆形,重 100~150 克。皮橙黄色至深橙黄色,厚韧紧贴果肉,尚易剥离。果肉柔软多汁,化渣,浓甜,有香气。可溶性固形物 11%~15%,酸 0.43%~0.6%,品质优良。种子少或无,尖卵形,发育饱满,多胚、浅绿色或白色。12 月中旬至翌年 2 月份成熟,可留在树上 3~4 个月。耐贮运。早结，丰产，适于密植，为我国优良品种之一。但适应性不如椪柑，要求气候温暖、肥水充足、管理精细，耐寒、耐旱性较差。蕉柑有不少芽变，广东省已选出白一号蕉柑、新一号蕉柑、南三号蕉柑及无核蕉柑等优选株系。

(3)橘类　是比较原始的种类，品种、类型丰富，成熟期及果实大小多样。

①椪柑：又名冇柑、芦柑等。原产于我国，是世界上公认的品质最优的宽皮柑橘鲜食品种。椪柑树势高大强健，分枝角度小，直立性强，枝条呈丛生状。老树稍开张，主干起棱。叶小，长椭圆形，叶缘呈波状，叶脉不明显。翼叶小，线状，明显对称。叶面深绿色，叶背较淡。叶着生角度稍直立。花稍小，子房幼果倒卵形。果重120～250克。在高温地区果大质优，扁圆形，果顶下凹稍宽广，蒂部广平或皱突，有放射沟纹。果皮橙黄色至橙红色，有光泽，油胞小、密而突出。果皮松厚，与囊瓣显著分离。囊瓣肥大。汁胞橙黄色至橙红色，大而多汁。脆嫩浓甜，有香气，风味优美。可溶性固形物12%～16%，酸0.3%～0.8%，维生素C 31.24毫克/100毫升果汁。种子一般4～5粒，多至20粒。多胚，胚绿色或淡绿色。11月中旬至12月份成熟。椪柑对气候适应性较强，在长江流域以南至热带的海南省均表现良好。椪柑贮运性较差，种子较多，要选育改进。在广东省，椪柑有平蒂硬枝、高蒂软枝和早熟椪柑3个品系；福建省有硬芦和冇芦2个品系。近年我国选出了一些椪柑优系，如长源一号椪柑、85-1椪柑、东13椪柑及无核少核椪柑等。

②红橘：又名福橘、川橘、大红袍等。系我国古老柑橘品种。幼树较直立，树势强健高大，半开张，圆头形，主干起棱。枝梢细密，多刺。叶小，长椭圆形，先端钝尖，基部圆楔形，先端凹口明显。花小，单生或丛生。子房幼果倒卵形。果扁圆形，果皮鲜红美观，油胞密、平生或微突，皮薄易剥。囊瓣9～12瓣，肾形。果心空大，橘络多。汁胞粗大而松，橙红色。可溶性固形物11%～13%，酸

0.37%,甜酸适度,品质中等。不耐贮藏,种子多。适应性强,分布广,耐旱,丰产,易出现大小年。耐寒性与朱橘、温州蜜柑相近。10月上旬至12月上中旬成熟。果重60~140克。品系多。如湖北省有红皮川橘和黄皮川橘,浙江有早福橘、凤仙橘、漳州橘等,四川省已选育出无核红橘。

③南丰蜜橘:又名乳橘。我国古老品种,品系多,如黄岩乳橘、南丰蜜橘、温州土橘、日本纪州蜜橘等。其中以南丰蜜橘浓甜而香,无核,品质最优,为推广品系。树冠中等大、半圆头形,树势强健。枝叶稠密,枝条细长开张,偶有短刺。叶小,卵状、椭圆形,先端较尖,色深绿,着生较直立。花小。果小似金钱,重25~50克,扁圆形。果蒂部核状突起,果顶部多有脐。皮薄,橙黄色,油胞小而密、平生或微凸。囊瓣7~10瓣,近肾形,囊衣薄。果心小。汁胞橙黄色,排列较紧密。柔软多汁,风味浓甜,有香气,化渣,无核或仅1~2粒,单胚,品质优良。可溶性固形物11%~14%,酸0.3%~0.4%。11月上中旬成熟。对丘陵山地适应性较强,耐寒力近似温州蜜柑。结果较早,果小。有大叶、小叶和高蒂3个品系,以大叶系为佳。易大小年结果。

④本地早:树冠高大、圆头形,枝梢短密。叶椭圆形、深绿色有光泽,叶缘锯齿明显,叶翼小,着生稍直立。果扁圆形,重60~80克。皮稍厚粗糙、深橙黄色,近萼处有瘤状突起,油胞突出密生。囊瓣8~10瓣,囊衣薄。汁胞橙黄色,柔软多汁,味甜酸少,化渣,有香味,品质优良。可溶性固形物13%,酸0.3%~0.5%。种子8~12粒,单胚或多胚。供鲜食和制糖水橘片罐头,不耐贮。在浙江省黄岩11月上中旬成熟,在福建省漳州9月下旬可采收。耐寒性近似温州蜜柑。本地早栽培管理水平要求较高,进入结果年龄迟,一般5~6年,迟的十余年才达结果年龄,但成年树产量高。本地早有大叶、小叶、早黄等品系,大叶系果较大,较丰产稳产。近年选出了少核本地早芽变系和华农本地早实生优变系。

⑤朱橘：我国古老品种，品系多。如浙江省的朱红、衢橘、迟红，湖北的迟橘、金钱橘、草橘，江西省的三湖红橘、朱砂橘、洞庭红等。幼树直立性强，树势强健高大，圆头形。大枝开张，分枝密或中等，新梢细弱，偶有短刺。叶狭小，椭圆形，厚，深绿色。叶脉不明显，叶翼细小。果小，扁圆形，朱红色，重40～80克。果顶有小脐，有时稍凹。果皮粗糙，油胞大而突出或细密凹入，果心空。囊瓣肾形，9～10瓣。汁胞较大，橙红色，味甜而酸，柔软化渣，有异味，品质中等。可溶性固形物10%～12%，酸0.8%～1.2%。种子饱满，卵圆形，光滑。每果5～20粒，多胚。有无核株系，10～12月份成熟。加工橘片有苦味。丰产稳产，成花坐果力强，经济寿命长，适应性强，抗病、耐寒、抗旱，易栽培，适于北缘橘区栽培。

椪橘、早橘（产于浙江省黄岩）、年橘（原产于广东省）、大红柑（又名茶枝柑，原产于广东省新会）及十月橘（产于广东省四会）等也是优良的地方橘类品种。

2. 甜橙　原产于我国，世界各柑橘产区均有分布，品种丰富。除用矮化砧外，一般树体高大，树势中等，分枝较密、紧凑，呈圆头形。叶椭圆形，翼叶比酸橙小，叶柄较短。花白色，单生或总状花序。果圆形至长圆形。花萼无毛。果皮淡黄色、橙黄色至淡血红色，平滑而柔韧。油胞平生或微突。皮与果肉不易分离。囊瓣10～13瓣，不易分离。果肉有黄色和红色等，果心小而充实。果肉柔软多汁，有香气。种子无、少或多，卵形或长纺锤形，多胚、白色。甜橙营养价值高，鲜食和加工品质好，耐运，耐贮藏，丰产，能耐－6.5℃低温。根据果实性状特点可分为普通甜橙、脐橙、血橙与糖橙。此外还有嫁接嵌合体类型，如红江橙。代表品种（系）如下。

（1）锦橙　从重庆市江津庙基乡实生树中选出。在20世纪80年代前是我国主栽甜橙品种之一，为外销良种。树势强健，树冠圆头形。枝梢较柔韧开张，有小刺。叶长卵形、肥大，先端尖长，基部楔形。果大，长椭圆形，整齐，重 150～180 克。果顶平或微凹，蒂部较窄、略平或微凸。果心小，囊瓣 8～13 瓣。汁胞披针形、橙黄色，柔软多汁，化渣，甜酸适度，味浓，微具香气。可溶性固形物 12%～15%，酸 0.88%～0.94%，品质上等。种子少，平均 6.5 粒。11 月下旬至 12 月中旬成熟，耐贮藏，适应范围较广。已选出了多个锦橙无籽芽变，为鲜食加工兼用品种。

(2)柳橙　福建省称印子柑。原产于广东省新会(也是主产区)。树冠半圆形、较开张，树势中等。叶狭长，披针形，边缘多呈波状，叶色深绿带暗，叶尖端较宽，叶基部较狭，楔形，叶翼较不明显，少数叶柄弯扭。果长圆形，中等大，重 110～150 克，橙黄色，皮厚有柳纹，果顶圆圈大而明显。果肉橙黄色，脆嫩少汁，浓甜，几无酸味。果心充实，种子约 10 粒，多退化。11 月下旬至 12 月中旬成熟。可溶性固形物 13%～15%，酸 0.3%～0.65%。品质优，较耐贮。本品种有明柳、半柳、暗柳、丰彩暗柳和无籽丰彩暗柳等品种、品系。明柳落果严重，产量较低。暗柳丰产稳产。丰彩暗柳和无籽丰彩暗柳为暗柳的芽变，为鲜食加工兼用品种。

(3)雪柑　别名雪橙。原产于广东省潮汕地区。树势强健，树冠圆头形、稍开张。枝梢细长，偶有小刺。叶椭圆形，叶冀明显，大小不一。果圆形或长圆形，单果重 120～200 克，橙黄色至橙红色，皮光滑较厚，油胞小、平生或突起。囊瓣 10～13 瓣。果心小，充实。果肉淡黄色，汁胞柔软富汁液，可溶性固形物 11%～13.5%，酸 0.8%～0.9%，风味浓厚，甜酸适度，有清香。种子 10 粒左右，偶有小核，耐贮运，为鲜食与加工兼用品种，11 月中旬至 12 月份成熟。雪柑耐旱、丰产，山地平地均适宜，耐寒性弱。雪柑品系较多，有大叶系、小叶系、大果系、小果系、早熟系、晚熟系等，以小果系品质最好，较丰产，为鲜食加工兼用品种。

(4)改良橙　广东省称红江橙。是印子柑与红橘的嫁接嵌合体。树势强健，枝梢紧密直立。叶长椭圆形，翼叶不明显。同株树上结橙型和橘型果实。红肉橙型果圆球形，重140～160克，皮薄、橙黄色，平滑有光，果顶多有整齐印圈。果肉橙红鲜艳，汁胞短，多汁，化渣，浓甜微酸，有香气，品质上等。种子8～12粒，多胚，胚青绿色。11月中下旬成熟，耐贮，贮后更佳。本品种较耐旱瘠、粗放，省肥，易裂果，为鲜食加工兼用品种。

(5)哈姆林甜橙　原产于美国佛罗里达州。树冠开张，树势强旺，枝叶茂密，小枝粗壮。叶长椭圆形，深绿色，翼叶中等大。果圆球形或略扁圆形，重130～160克，大小不均匀，果顶圆，蒂端微凹。果皮光滑，较薄，深橙色。油胞细密突出。果肉细嫩，汁多，味甜具香气，无核或少核，可溶性固形物11%，酸0.8%～0.9%，品质中上等。不耐贮，易染溃疡病。11月上中旬成熟，早结、丰产、优质，耐寒力强，鲜食、制汁均宜。现已选出了大果、无籽的株系，为优良的早熟橙汁加工品种。

(6)夏橙　4～5月间成熟，在调节市场供应上具有较高价值。品种主要是伏令夏橙(Valencia)及其芽变系。据考证，伏令夏橙很可能是15世纪葡萄牙传教士从中国广东省引进的晚熟甜橙后代，1876年命名为Valencia。是目前世界上栽培面积最广、产量最多、可供鲜食和加工的晚熟甜橙品种。树冠圆头形，树势强健。枝梢多而密集，有短刺。叶淡绿色，长卵形，先端急尖，基部圆，叶翼明显。果实圆形或长圆形，重120～150克。果顶圆而略扁，蒂部圆形，萼小而尖。果皮橙黄色或橙红色(因地区或时期而异)，光滑或稍粗。油胞大而突出，果皮与果肉紧贴。囊瓣9～12瓣，果心充实或半空。果肉橙黄色或橙色，柔软多汁，甜酸适度。种子4粒左右。品质佳。含糖11.67%，酸0.97%。其开花期与普通甜橙相同，11月份果实开始转黄，翌年1月下旬全果变黄。2月下旬至3月上旬在夏湿区开始回青(在夏干区无回青现象)，以后又逐渐转黄。4月下旬至6月份充分成熟。是制果汁的优良原料。适于1月份均温10℃以上、绝对最低温不低于-3℃的地方栽培。伏令夏橙常有优良芽变,实生繁殖易产生新优品系。像桂夏橙、江安10号夏橙、Midknight、Delta和Valencia Late、Rhode Red等均为从伏令夏橙中选出的优良芽变后代。奥林达(Olinda)、Frost Valencia和Cutter Valencia为珠心系后代。桂夏橙在广西3月下旬至4月上旬成熟,表现较丰产。Midknight早熟,Delta是目前市场上果实品质最好的夏橙品种。Valencia Late适宜于在积温比Valencia适宜区稍低的地区栽培。江安10号夏橙无籽。

(7)脐橙　果实顶端有脐,果肉有重囊,一般无核。系巴西Selecta甜橙芽变的新品系。1870年输入美国定名为华盛顿脐橙(Washington Navel),为柑橘著名品种。其他脐橙品种的来源均与华盛顿脐橙有关。华盛顿脐橙树冠半圆形,较矮而披垂。新梢短小而密,无刺或少刺。萌芽、开花期较一般甜橙稍早。叶大、广椭圆形,两端钝尖。叶厚、暗深绿色,叶脉明显下陷,叶翼中等大。花粉极少。果实长圆形或广倒卵形,果大,重170~250克。果顶有脐,闭合或裸露。果皮橙黄色至橙红色,顶部皮薄,蒂部皮厚。果肉橙黄色,汁胞细长紧密,脆嫩多汁,味浓甜富香气,品质优良。可溶性固形物11%~12%,酸0.9%~1%。耐寒力比一般甜橙强。11月份至12月上旬成熟。不耐贮,单性结实,性喜夏干气候。华盛顿脐橙芽变频率较高。根据成熟期,华盛顿脐橙的芽变有早熟类型(即在11月份前成熟),如清家脐橙等;中熟类型(11月初至12月底前成熟),如罗伯逊脐橙、朋娜脐橙、纽荷尔脐橙、Navelina、Frost、Thomson和Summerfiedl脐橙等;晚熟类型(翌年成熟),如Lanelate、Summergold、Cheslett脐橙等。Cara Cara是红肉芽变。我国从引进的脐橙中选出了很多优良芽变类型,如罗脐35号、奉节72-1及华红脐橙等。脐橙类品种为优良鲜食品种。

(8)无酸甜橙　果实含酸量在0.4%以下,是优良的鲜食品种。其果汁也可与加工品种混配。

①新会橙:原产于广东省新会。树势中等,树冠半圆形、较开

张,枝条较细。叶长椭圆形或菱形,两端深绿色有光泽,叶翼小。果实近球形或短椭圆形,重 110～113 克。果顶有印圈。果皮黄色,薄而光滑。油胞细小、平生,囊瓣 9～12 瓣。果肉浅黄色,汁少,香爽极甜,无酸味,质优良。种子 6～8 粒,多退化。可溶性固形物 13%～16%,酸 0.5%～0.7%。11 月下旬至 12 月中旬成熟。稍耐贮,不够化渣,系外销名品。耐旱,对积温要求高。广东省四会的兰花橙为新会橙的实生后代,味清甜有兰花香味。现选出了无籽兰花橙、无籽新会橙新系。

②冰糖橙:湖南省麻阳一带选出的良种。树势较弱,树冠较矮小,枝条开张披垂。叶较窄小,叶背主脉粗大、突起明显。果近圆形,深橙黄色,光滑。果皮近萼处稍厚,近果顶部甚薄,难剥离,海绵层带黄色。果重 100～150 克。汁胞细长,橙黄色,排列紧密,质地脆。可溶性固形物 14.5%,酸 0.6%。风味浓甜清香,品质优。种子平均 4.3 粒。11 月中旬成熟。汁液稍少,果大小不一。本品种不宜用枳作砧木。

③埃及的 Succari 和西班牙的 Sucrena 等:都属于无酸甜橙。

(9)血橙　是一种含有红色花青素的甜橙。

①脐血橙:原产于西班牙。树势强健开张,树冠圆头形。发枝力强,枝密丛生,有短刺。叶椭圆形、大且厚,暗深绿色,翼叶中大。在酸橙砧、枳砧上生长差。果长椭圆形,单果重 150～180 克,无核,橙黄色带红色斑纹,花柱宿存。果实脆嫩多汁,甜酸适度,可溶性固形物 11%～12%,酸 0.9%～1%,具香气。充分成熟时果皮和果肉均有红斑,成熟期翌年 1～2 月份。适应性强,产量较高,果形美观,品质中上等,较抗溃疡病。

②塔罗科血橙:原产于意大利。树势强健,树冠圆头形。果大、倒卵形或短椭圆形,平均单果重 197 克。果面紫红色、底色为橙红色,皮光滑。无核或近无核。可溶性固形物 12.2%,酸 0.8%～1%。果肉充分成熟时为紫红色,脆嫩、化渣、多汁,香甜

(有玫瑰香味)爽口,风味浓郁。品质上等。果实翌年1月下旬至2月上旬成熟,耐贮性强,丰产、优质。

③红玉血橙、摩洛血橙和靖县血橙:也是优良血橙品种。

3. 柚类 有柚、葡萄柚两种。

(1)柚 又名文旦等。主产于亚洲热带、亚热带。我国各柑橘产区均有栽种,亚洲以外栽种不多。果耐贮运。维生素C含量丰富,营养价值高。植株寿命长,较丰产。树冠高大,叶、花、果均大。嫩梢、新叶、幼果均有茸毛。叶卵圆形,叶翼大、心脏形。花大,多数簇生。果大,梨形、圆形至扁圆形,重500~2000克,果皮厚不易剥离。海绵层厚,白色或粉红色、玫瑰红色。囊瓣10~18瓣,果肉白色或浅红色、玫瑰红色,味甜或酸,也有苦味的。有籽品种种子大而多,单胚,白色。也有无核品种。耐寒力较弱,耐盐碱。柚的有些品种有自花不实现象,易与其他柑橘种类杂交。我国柚的品种类型丰富,成熟期多样,果肉有红色、白色、绿色等多种类型,与泰国和印度尼西亚产的柚均为世界驰名果品。中国柚大多数品种种子偏多,如沙田柚、梁坪柚、凤凰柚。无核柚品种有四川省金堂无核柚、浙江省楚门文旦及福建省琯溪蜜柚等。广东省化州橘红、浙江省常山胡柚和日本夏橙均为柚的杂种。我国柚类的地方品种资源极为丰富,在浙江、重庆、四川、福建等地分布有大量的地方种质,如坪山柚、早香柚、五布柚、晚白柚等。

(2)葡萄柚 原产于中美洲巴巴多斯。为柚与甜橙天然杂交种,品种较少。美国栽种面积最大。树性、树形与柚相似。但树冠较矮小,枝梢较纤细披垂,叶较小。新梢、新叶、幼果均无茸毛。对气候适应性较强,尤其适宜高温干燥气候。丰产性强。果常呈穗状似葡萄果穗而得名。果圆形至略扁圆形,重400~500克。皮软薄柔滑,不易剥离,淡黄色、金黄色或带粉红色。果肉淡黄色、淡红色至红色。囊瓣10~13瓣,不易分离。汁多,味酸带苦。种子多或无核,多胚,白色。果耐贮运。鲜食或作饮料用,维生素C含量高，为国际市场重要果品。优良品种有星路比、火焰山、鸡尾、红玉等品种。

(3)柚和葡萄柚的优良品种

①沙田柚：原产于广西容县沙田，是我国柚类著名中熟良种，可能是柚类中种植面积最大、最广的品种，深受港、澳及东南亚消费者的欢迎。以广西容县、柳城、恭城所产品质最优。四川长寿、涪陵所栽者为广西沙田柚实生变异。树势强健、高大。树冠直立、圆头形，开张或半开张。幼树易徒长，分枝密有短刺。叶大、长椭圆形，叶端钝尖，叶缘微波状，翼叶较大、倒心脏形。果重700～2000克，梨形或长颈倒卵形，果顶平、有印圈（印圈内有放射状纹）。果皮厚，黄色。质脆、汁较少，味甜，品质优良。含糖9.9%，酸0.38%。种子100～200粒，发育或退化，个大，楔形，单胚。10月下旬至11月上旬成熟。果耐贮运。有软枝和硬枝两个品系。软枝系树形多开张。叶较小、薄，深绿色有光泽。果梨形。汁胞脆嫩，清甜蜜味。丰产稳产。硬枝系树形半开张，枝粗硬、向上生长。果长颈形，皮较粗厚，汁胞爽脆，味较淡或微苦。沙田柚早果，人工授粉才能获高产。－7℃时幼树秋梢受冻枯萎。忌渍水。沙田柚对气候的适应性较强，需大肥大水才能保持其优异品质。现已选出红肉系和无核系。

②琯溪蜜柚：原产于福建省平和县。树势强健，早结。果大、阔梨形，果顶广平凹入，蒂部钝尖圆，果梗粗，果皮淡黄绿色，表面较光滑。硬枝品系果大，油胞较疏而凸，果皮厚，果汁较少，汁胞较粗硬。软枝品系果较小、梨形，油胞细密、平滑，皮较薄，产量较高，汁胞较柔软多汁，品质较好。单果重1000～2500克。果肉略呈虾肉色，果汁可溶性固形物9%～10%，酸0.6%～0.8%。10月中下旬成熟，其不足是耐贮藏性稍差。现选出了红肉系。

③文旦柚：原产于福建省漳州、台湾省。树势中庸较开张。叶椭圆形，大而厚，深绿色有光泽，翼叶大、心脏形。果扁圆形，重

700～1 300 克，基部稍尖圆，顶部宽而微凹。果皮黄色，光滑、较薄。油胞圆而粗，平生或浅凹。囊瓣 15～18 瓣，肾脏形，整齐。中心柱充实。汁胞短纺锤形，淡黄白色，柔软多汁，甜而微酸，清香，品质优良。种子 80～100 粒，9 月中旬至 10 月份成熟。高产，结果龄长，但耐寒性弱。为自花不亲和品种，授粉时种子较多。楚门文旦又名玉环文旦。是浙江省玉环县楚门从福建省文旦柚中选出的实生优系，品质优于沙田柚和文旦。适应性强，用朱栾砧能适应含盐量近 0.3% 和 pH 值 7～8 的海涂栽培，在浙江省玉环县已建成规模商品基地。

④晚白柚：原产于马来半岛，我国的福建、台湾和四川等省有栽培。树势强健，树冠圆头形、开张，枝条粗长披垂。嫩枝茸毛多。叶大而厚、长椭圆形，深绿色，先端钝或圆，基部圆，全缘，叶缘茸毛明显，翼叶大、心脏形。果圆形或略扁圆形，重 1 000～2 000 克或更大，果顶平，印圈不明显。果皮黄色，光滑厚韧，不易剥离。油胞中等大、密，平生，少数微凹。果心充实。囊瓣 13～18 瓣，不整齐，半圆形。汁胞大，形状不一，白色而微带浅绿色，柔软，多汁，化渣，味甜，微酸，芳香。早结、丰产、稳产，种子 60～100 粒，12 月份至翌年 1 月份成熟。耐贮。品质好。结果早，产量中等，是晚熟良种。

⑤垫江白柚：又名垫江红沙柚。从四川省垫江黄沙岩实生柚树选出。树高大，树势壮旺。枝条粗壮，开张。圆头形。叶长椭圆形，中等大，深绿色，厚，叶端钝、凹口明显，叶基圆，叶缘具疏浅锯齿，叶脉较密且明显，翼叶较小。果倒卵圆形，约重 1 250 克。果顶略圆，微具凹环，周围有 4～5 个放射状沟纹。果面粗糙，黄绿色，蜡质厚，显光泽。皮厚，包着较松，易剥离。囊瓣 12～16 瓣，长肾脏形，成熟时易开裂。汁胞肥大，长纺锤形，白色微黄，脆嫩，多汁，化渣，酸甜味浓，品质上等。12 月份成熟。不耐贮。汁胞易失水硬化。产量中等，稳产。

⑥四季抛：产于浙江省平阳、瑞安等地。树势中等，特点是年

开花4次和晚熟。当地第一次开花在4月中旬至5月初,以后每隔约20天开花1次,以第一和第二次花的果实有经济价值。11月中旬至12月下旬成熟。果实倒卵圆形,中等大(700～1 300克)。汁胞柔软,多汁,化渣,甜酸适口,有香气,品质中上等。颇耐贮,可贮至翌年2～3月份。种子少而小,约20粒。但产量较低,耐寒力弱。此外,尚有福建省坪山柚,广东省桑麻柚,湖南省的慈利金香柚、大庸菊花心柚,湖北省的来凤红蜜柚、宣恩白柚、宜都横碛甜柚,江西、广东省的金兰柚,四川省金堂的无核柚,重庆市的五步柚、安江香柚、梁平柚和丰都红心柚等地方良种及由广东省果树研究所选出的特早熟蜜柚等优良品种。近年来,国际上著名的泰国高丰(Kao Phuang)和高斑柚(Kao Pan)也引入我国栽培。

⑦邓肯:是最老的葡萄柚品种。树高大,壮健,丰产。果大,扁球形、球形或广倒卵形,基部有短放射状沟,顶部有不明显印圈。果皮稍厚,淡黄色,平滑。果肉淡黄色,柔软多汁,甜酸适度而微苦,风味特殊,品质优。种子多,30～50粒。在美国南部佛罗里达州的气候条件下,翌年1～3月份成熟。在葡萄柚品种中较耐寒,仍是主栽品种之一。

⑧马叙无核:原产于美国佛罗里达州,为实生优良株系。树势高大壮健,枝梢开张、丰产。果中大,重400～600克,圆形至长圆形,果顶印圈不明显或无。果皮淡黄色,光泽而平滑,厚5～8毫米,柔韧有弹性。果肉淡黄色,柔软多汁,品质优良,一般无核,为加工、鲜食兼用品种。贮藏运输性能均良好,尤其耐树藏。中晚熟。原产地约在翌年3月份以后成熟,要求积温较高,是葡萄柚主栽品种之一。

⑨红玉:别名Redblush。是汤普森葡萄柚(Thompson,别名Pink Marsh)的红皮红肉芽变。汤普森品种来自于马叙无核淡红肉品种的芽变。植株性状、果实性状与马叙无核相同;但红玉果面、海绵层、囊皮和汁胞均深红色,无核,成熟期比马叙无核稍早。也耐树

藏，但果肉稍微褪色。自选出后发展极快，成为美国葡萄柚主栽品种之一，在有色葡萄柚品种中居首要地位。只有在高温条件下才能表现美观颜色。此外，自 20 世纪 80 年代以后，美国推出了“Oroblanco”和“Melogold” 2 个 3 倍体优良葡萄柚品种，在欧洲市场极受欢迎。星路比（Star Ruby）也是外形美观、果肉深红色、无核、品质上等的优良葡萄柚品种。火焰山葡萄柚（Flame）是 Henderson 实生优系，内膛结果能力强，果皮有暗红色条纹，果肉深红色。与柚类品种近似、在生产上有一定推广面积的新优品种还有两种：一是金柚，俗称胡柚。原产和主产浙江省常山，是柚与宽皮橘的天然杂种。二是 HB 柚。系柚与葡萄柚的杂种，由华中农业大学从美国引进的株系中选出。

4. 柠　檬

(1) 尤力克　原产于美国。树冠圆头形，披散。枝条零乱粗壮，少针刺。叶大、深绿色，叶缘具宽疏浅齿。早结、丰产，有树冠外围结果和结果球的倾向。果实椭圆形或倒卵形，先端有乳突，表面粗糙，熟时黄色，油胞凹入。囊瓣 9～10 个瓣。果肉淡黄色，汁多，酸味强（含酸 6%～7%），香气浓，品质优。种子 0～7 粒。多次开花，以 2～3 月份开花结果最多。花后 6～8 个月即可采果催色，9～11 月份是主产期。耐贮，可制汁或外销。不耐寒。现已选出了 Eureka Variegated（杂色花叶）柠檬和 Variegated Pink Flesh Eureka（杂色花、叶，粉红色果肉）柠檬等类型。

(2) 里斯本　抗霜、抗热、抗风性和适应性均比尤力克强。树性强盛，枝叶茂密、多刺。始果期稍迟，但丰产。树冠内部所结果实核多。果顶端乳突基部有不规则的环沟，往往一侧较深。汁多，清澄，酸强，香气浓，品质优。种子数粒或无。现已选出了无籽等类型。

著名柠檬品种还有：意大利的 Femminello、Villafranca，西班牙的 Verna、Mesero 及 Volckamer 等。

5. 杂柑类

(1)Temple 橘橙　原产于牙买加。树冠较小，树势中庸、紧凑，叶形同橘。果实扁圆形或圆形，果中等大。果皮橙红色，有光泽，略粗糙。皮厚，与果肉结合不紧密。化渣，果汁橙黄色，风味浓郁。种子 10 余粒，胚绿色。中熟。不抗寒。树丛生，有浅刺。过量施氮、磷肥促使果汁含酸量提高。有无核变异系。

(2)Murcott 橘橙　原产于美国。果实椭圆，中等大。果皮深橙黄色，有光泽，光滑。皮薄，有模糊的棱。果皮与果肉结合紧密，易剥皮。囊瓣 10～12 瓣。汁液丰富，可溶性固形物含量高，风味浓郁。种子 18 粒左右。耐贮。树冠直立，枝条纤细。丰产性强，易大小年结果。现选出了无核大果品系。清见橘橙(原产于日本，系宫川与 Trovita 甜橙的杂种)和不知火(清见与椪柑的杂种，有高桩与平蒂两系)在我国也开始栽培。

(3)Page 橘柚　原产于美国。系 Minneola 橘柚与克里迈丁的杂种，树势中庸稍直立，近无刺，抗寒。果中等偏小，扁圆形或圆形。皮韧，橙红色。自花不亲和，授粉时坐果率高，但种子数达 20 余粒。10 月份成熟，果可挂树贮藏。粗放管理易产生小果。

(4)Minneola 橘柚　原产于美国。系 Dancy 红橘与邓肯葡萄柚的杂种。树势强旺，抗寒。果大，果蒂稍突起，果梨形或钟形。果皮鲜橙红色，较薄，光滑，与果肉结合紧密。自花授粉不亲和，与其他品种混栽时坐果率高。有种子 7～12 粒，成熟期 12 月份至翌年 2 月份。Orando 和 Seminole 为它的姊妹系。

(5)Nova 橘柚　原产于美国。系 Orando 橘柚与克里迈丁的杂种，树形类似柑类，配置授粉树时坐果率较高。果大，扁圆形。单果重 120～166 克。果皮橙红色、光亮细滑，易剥皮分瓣。可溶性固形物 11.5%～13.2%，单果种子数 2～20 粒。果肉细嫩化渣，多汁，风味甜浓，品质上等。丰产性强，但贮藏期间易粒化。Robinson、Osceola 及 Lee 等是它的姊妹系。

(6)Sunburst 橘柚　系 Robinson 橘柚与 Osceola 橘柚的杂种。树势中庸,直立,开张。叶色暗绿。果中等大,皮薄、光滑易剥,囊瓣 11～14 瓣,中心柱空。自花授粉不亲和,与授粉树混栽时种子 10～20 余粒,胚绿白色,果皮暗橙色。12 月中旬成熟。

6. 金 柑 类

(1)金弹　别名金柑。是圆金柑和金枣的杂种。是金柑属中果实品质最好、产量较高、果型较大、经济价值较高、栽培最广泛的一个种,较耐寒。树冠圆头形,灌木。叶阔披针形,稍厚。枝梢密生,少刺或无刺。果纵径约 3.5 厘米,横径 2.7 厘米,倒卵形或倒卵状椭圆形。果皮厚而光滑,金黄色。囊瓣 5～7 瓣,少数 8 瓣。果肉及果皮均甜,有香气。种子 4～9 粒。11～12 月份成熟。优良品种有宁波金弹、融安金柑、蓝山金柑和遂川金柑等。

(2)四季橘　树直立。枝叶稠密。叶似橘,叶缘有波状锯齿,翼叶狭小。果橙色或深橙色,有小凹点。果形扁圆形或圆形,常偏斜不正。果顶常有小印圈,油胞密、平生或凸出瓣。酸,不堪生食。可代绿檬用,有观赏价值。种子多胚,胚绿色。

二、柑橘的优良砧木

(一)优良砧木的标准

柑橘嫁接苗的砧木不仅对接穗的适应能力有着显著的影响,同时对柑橘植株的树冠形状、冠幅大小、高矮、结果性能(如结果早晚)、产量高低、果实大小、形状及整齐度、果实成熟期、果实内质(如糖、酸、维生素、可溶性固形物含量),甚至口感风味等都会产生相当大的影响。优良砧木具备的特点是:根系发达、土壤适应性好、抗病能力强、耐旱、耐瘠且和接穗亲和性良好。

(二)可供选择的优良砧木

1. 枳　枳在柑橘类果树中最耐寒,冬季休眠期能耐 -15℃ ~ -20℃的低温。我国北亚热带和中亚热带广泛利用它作为砧木,日本和美国也多以它作为抗寒砧木和抗性砧木育种亲本。枳为落叶性灌木状小乔木,枝条多刺,为三出掌状复叶,10 ~ 11 月份落叶。纯花芽,花单生,先开花、后出叶。花大,白色,花瓣薄。果球形,直径 3 ~ 5 厘米。子房和果面具茸毛。果皮柠檬黄色,卵形,肥圆。子叶白色,多胚。以枳为砧能增强接穗耐寒力及促进矮化,早结丰产,且初果期的品质较好,根系耐瘠、耐酸,抗脚腐病、流胶病、线虫病和天牛;但不耐盐碱、湿涝,对柑橘裂皮病非常敏感,忌氯,冬季接穗品种有卷叶现象。在我国,枳有大叶、小叶,大花、小花,以及圆形果(光皮)、梨形果(皱皮)等类型,并出现早花(播种 1 年即开花)和矮化变异。在日本有一变种名飞龙枳[*P. trifoliate* var. *monstrosa* (T. Ito) Swing.],树矮、叶小,枝刺均弯曲,常作盆栽。也有人认为富民枳(*P. polyandra*)为枳属的一个种,为常绿类型,但存在争论。枳易与柑橘属及金柑属其他种类杂交,天然杂种和人工杂种有枳橙(Citrange)、枳柚(Citrumelo)、枳橘(Citrandarin)、枳金柑(Citrumquat)等,均为半落叶性小乔木,一树具有三出复叶、两小叶组成的复叶和单身复叶 3 种叶型。枳橙、枳柚抗寒、抗旱,耐盐碱,对裂皮病、柑橘线虫、根腐病都有抗性,对速衰病抗性特别强,可用作高抗性砧木。在美国特洛亚(Troyer)枳橙与斯文格(Swingle)枳柚是最主要的砧木类型。

2. 红橘　根系发达,细根多。嫁接后树冠直立性较强,各地有作橘类的砧木,如福建省漳州作椪柑的砧木,江西省南丰作南丰蜜橘的砧木,四川省、重庆市作甜橙等的砧木。红橘砧较枳砧晚结果 2 ~ 3 年,但后期丰产,抗裂皮病,抗脚腐病,耐涝,耐瘠薄,耐盐碱。

3. 酸橘　用作砧木的有黄皮酸橘和红皮酸橘。黄皮酸橘作砧木表现根系发达，须根多，树势旺，丰产稳产，寿命长，果实品质好，耐热、耐湿，抗旱，抗脚腐病。黄皮酸橘在华南用作柑橘砧木，历史悠久，深受橘农欢迎，有“千秋万代酸橘好”之说。红皮酸橘作砧木，表现树势强，根系发达、须根多、主根深，耐寒，耐瘠，丰产长寿，在华南产区宜作山地柑橘的砧木。

4. 香橙　香橙原产于我国，各柑橘产区都有分布，以长江流域分布较集中。香橙作柑橘砧木，一般树势较强，根系短，寿命长，抗寒，抗旱，较抗脚腐病，较耐碱，宜作温州蜜柑、甜橙和柠檬的砧木。如四川省资阳香橙用作脐橙、温州蜜柑砧木亲和性好，后期产量高。

5. 酸橙　原产于我国，现已遍布世界各柑橘产区。性状与甜橙相似，常绿乔木，树冠较开张，枝有刺。叶卵形或倒卵形，叶柄较长，翼叶、花较大，白色，单生或总状花序。果圆形或扁圆形、萼片有毛。果皮粗厚，橙黄色至橙红色，油胞着生处凹陷，果心中空。囊瓣10～12瓣。果肉酸苦。种子多，黄白色。种皮多皱，多胚，白色。耐寒、耐旱力比甜橙强，可耐－9℃，常用作砧木。酸橙品种很多，用途多样。可作砧木[如浙江省黄岩的枸头橙(耐盐碱)]，可用于熏茶和制香料(如“代代”)，还是重要的药材[如川东枳壳(酸橙)]。易感染柑橘速衰病。酸橙作砧木表现树势强，树冠高大，根系发达，寿命长，耐旱，耐湿，耐盐碱，也较耐寒，虽结果较迟，但后期丰产。

此外，柑橘的近缘属九里香(耐黄龙病)、酒饼勒(耐旱、耐瘠、耐盐碱，抗溃疡病、抗寒)也是培育新砧木的良好资源。酸柚是柚类良好的砧木，宜昌橙可作为甜橙矮化密植栽培的砧木。

三、柑橘的品种选择与引种

(一)品种选择的原则

品种选择要因地制宜,同时兼顾多项性状(如产量、品质、成熟期、抗性等)。一是根据国家划分的优势规划区域品种布局,结合当地的气候特点、土壤类型等条件来进行品种的选择。二是要根据实际的技术支持和栽培技术水平选择品种。如果技术支持高,果农经验丰富,可以选择需精细管理、价格高的品种栽培;反之,选一些好栽好种的品种。三是要联系市场需要,选择能产生较大经济效益的品种。

(二)品种引种的程序

引种一般应通过引种试验,采取从少量试引、中间繁殖到大面积推广的步骤,可避免盲目引种带来不必要的损失。具体程序如下。

1. 引种的原则　一是引入材料的经济性状必须符合已定的引种目标。例如引种的目的是为了解决橙汁加工品种熟期不配套的问题,那么经济性状、适应性再好的脐橙也不应列入引种计划。二是详细分析引入材料对当地风土条件适应的可能性,即需要对引种地区的农业气候、土壤条件和引入材料对生态条件要求进行系统比较分析。现根据前任引入材料的方法和经验,提出以下几点作为参考:①确定和分析影响适应性的主导生态因子。从当地综合生态条件中找出对某一引入种类和品种适应性影响因子最大的主导因子,作为能否适应的重要依据。②调查引入材料的分布范围。由于原产或分布在不同地区的生态品种群其适应性及范围大小差异很大,如果一个种的分布包括一个以上的不同气候带,这表明它已产生适应不同气候生态条件的基因型，该物种对新的环境适应性也会大得多。研究引入材料的原产地及分布范围，不仅在于在纬度和地理位置相近似的地区可相互引种，而且可通过对材料本身的适应性分析，估计其可能适应范围。③分析引入材料和中心产区之间的关系。对于每一种类和品种，中心产区是其最适应地区。引种时将材料从现栽培区朝中心产区的方向迁移，称向心引种；反之，将材料背离中心产区的方向迁移，称离心引种。向心引种有时可以简化引种试验，把外引品种直接用于生产。④参考适应性相近似的种类和品种在本地区的表现，对引入材料做出能否适应的判断。⑤考察引入材料的亲缘系统，根据材料系统发育中有关亲本类型的生态习性，估计其本身生态习性，估计其本身对生态环境的要求及其对引入地的适应可能性。⑥借鉴前人引种的经验教训，参考前人有关品种适应性的研究资料，可以减少盲目性。⑦从灾害频发区引入抗性品种，从干旱地区引入抗旱品种，从相应的病害经常发生的地区选择引入抗病材料。

2. 引种材料的收集和编号登记 引种材料可以通过实地调查收集，或通过邮寄等方式收集。实地调查收集便于查对核实、防止混杂，同时还可以做到从品种特性典型且健康的优株上采集繁殖材料。收集的材料必须详细登记并编号。登记项目应包括种类，品种名称(学名、俗名等)，繁殖材料种类(种子、接穗、插条、苗木等，嫁接苗还应注明砧木名称)，材料来源及数量，引种日期以及引种后采取的处理措施(包括苗木的假植、定植等)。收集到的每份材料只要来源不同和收集时间不同，都要分别编号，并将每份材料的有关资料(如植物学性状、经济性状、原产地生态特点等)记载说明，分别装入相同编号的档案袋内备查。

3. 引种材料的检疫 为避免随着引种材料传入病虫害和杂草，从外地特别是国外引进的材料必须通过严格的检疫。对有检疫对象的繁殖材料，应及时加以消毒处理。必要时在特设的检疫圃内进行隔离种植，如发现有检疫对象，要采取根除措施。

4. 引种试验 用当地有代表性的优良品种，与引入材料进行系统的比较鉴定，以确定其优劣和适应性。试验地的土壤条件和管理措施应力求一致。引种试验一般包括以下步骤。

(1)试引观察 将引进的材料进行小面积试种观察，初步鉴定其对本地区生态条件的适应性和生产上的利用价值。

(2)品种比较试验和区域试验 将试引观察中表现良好的再进行设有重复的品种比较试验，以做出更精确的比较鉴定。再选择表现优异的进行区域试验，以确定其适应地区和范围。由于柑橘从引种到开花结果需要一定的周期，为加速引种利用进程，对试引观察中经济性状及适应性表现优良的也可采取控制数量的生产性中间繁殖，等到生产性中间繁殖的植株进入结果期，少量试引观察的材料已进入盛果期，这时选择优良植株组织大规模的繁殖推广就有较充分的把握。

5. 栽培性试验和推广 经过品种比较试验和区域试验或生产性中间繁殖材料的试栽后，其中表现适应性好而经济性状优异的品种，可进入较大面积的栽培性试验，再进一步在了解其种性的基础上做出综合评价，划定其最适应、适应、不适应的发展区域，并制定相应的栽培技术措施，组织推广。

(三)品种引种的注意事项

1. 坚持既积极又慎重的原则 引种具有投资小、见效快、简单易行等特点，对提高产区良种率及调整品种结构、熟期结构有重要作用。但另一方面，历史上因盲目引种给生产、环境造成的损失也很大。因此，对引种既要积极又要慎重，在程序和方法上除了对引种材料的适应性要充分把握外，一般应坚持少量试引、多点试验、全面鉴定、逐步推广的步骤，切忌生产性的盲目引种。引种要与当地产业发展规划相协调，并结合产业中存在的问题有计划、有重点地进行。

2. 注意农业技术在引种中的作用 引种时应注意配套相应的农业技术，如缩短营养期、提早开花结果等，在苗期注意越冬、越夏采取保护性栽培措施。

3. 引种要严格执行检疫制度 避免各种检疫对象传入。

思考题

1. 如何确定一个新品种是否为优良品种？

2. 我国现在主栽的柑橘品种、砧木品种主要有哪些？各有何特点？其适栽区有何不同？

3. 如何进行有效的引种？

第四章　柑橘苗木培育与高接换种技术

培育优质、健康苗木是提高成园率、提早投产的关键技术，也是提高果园经济效益的关键技术环节之一。柑橘最常用的苗木繁育方法是通过嫁接繁殖，这种方法既能保持接穗亲本的优良性状，也能组合砧木的良好抗性，实现早结、丰产、优质及增强树体抗性的统一。柑橘现代育苗方法的发展方向是良种化、无病化及规范化。

目前，我国柑橘生产以发展鲜食品种为主，且大部分果园种植年代较长。鲜食品种需随着社会经济、市场的发展不断更新，高接换种是老果园、老品种改造的一种快速、高效、适用的生产技术。

一、健壮苗木的繁育及标准

（一）苗圃地的建设

1. 环境条件　苗圃地应选在无溃疡病、黄龙病等检疫性病虫害的地方，为土壤肥沃、土层较深的平地或山坡的台地，以 pH 值 5.5 ~ 6 的酸性土或砂壤土为宜，且背风向阳、排灌方便、交通便利，远离厂矿企业，灌溉水源基本上没有污染。一般在产区苗圃地应与柑橘园有 5 ~ 10 公里的隔离，否则要加盖 40 目以上的防虫网，在网室内繁殖。

2. 苗圃自身环境条件　高标准的苗圃包括管理房（工作人员休息、资料整理及制定计划等）、库房（存放肥料、农药、工具等）、料场（用于堆放容器育苗营养土的基质以及搅拌设施）、消毒设施（蒸汽消毒）、灌溉设施（如施肥系统、喷灌滴灌系统等）、隔离墙（以绿篱最佳)等。一流苗圃地还应建有无病毒母本园和砧木采穗圃。

3. 消毒设施　进出苗圃应设专门的通道,入口处建一深 20 厘米、长 2 米、宽 2 米的消毒池,以盛装消毒液(如福尔马林)对进入苗圃的车辆、人员进行消毒。

4. 工作程序　苗圃工作人员在工作时应着工作服,并配专用的修枝剪、锯和嫁接刀。在母本树修剪、准备接穗或嫁接前,注意工具的消毒,即先用肥皂水擦拭,后用清水冲洗,再用纸擦干,然后用 1%次氯酸钠溶液消毒,再用水冲洗并擦干后使用。锄、铲等应洗干净后沥干,再用 10%漂白粉浸泡 5 分钟消毒。

(二)壮苗繁育

1. 砧木苗培育

(1)种子的采集和贮藏　砧木种子应从品种纯正、无检疫性病虫害的植株上采取。从成熟的果实中取出种子,在清水中冲洗,去除果渣、果胶后摊放在阴凉通风处,经常翻动,至种皮发白时即可收集贮藏或播种。枳也可以在 7 月底至 8 月上旬采嫩籽播种。我国多采用沙藏法贮藏种子。一般用 3～4 倍体积的清洁河沙,含水量以手捏能成团、手摊开能自然散成几块为宜。再与干净种子混合均匀,装入木箱或竹筐等容器中或直接堆放于阴凉的清洁地面。在有条件的地方也可采用冷藏法:即种子洗净后在 50℃的温水中漂洗 10 分钟,之后取出种子用福美双或类似杀菌剂处理,待种皮发白时放入薄膜袋中密封,贮于 1.5℃～7.5℃的低温条件下。

(2)播种　选择地势向阳、排灌方便、土壤疏松、肥力较好的平地或缓坡地做苗床播种,也可以在黑色聚乙烯塑料营养袋、硬质塑料育苗桶、专用育苗盒等容器中进行砧木播种。露地播种一般在 2～3 月份进行。如用温室、温床播种,则可提前至上一年的 10 月中下旬,且育出的砧木苗质量较好。播种可采用条播或撒播。条播节约种子,但费工;撒播节省土地、播种量大,育苗中比较常用。

播种前需筛除霉烂变质种子并将种子清洗干净，用 50℃～60℃温水处理 30 分钟或在 0.4%高锰酸钾溶液中浸种 2 小时，再用清水将药液冲洗干净后再播种。一般枳壳砧每 667 平方米播种量为 50～60 千克，播后在上面覆 1～2 厘米厚消过毒的营养土，浇足水再覆盖塑料薄膜（以拱形最好）。

（3）播后管理

①肥水管理：砧木播种后要根据土壤湿度适时灌水，保持土壤轻微湿润，满足种子发芽对水分的需要。但不可过湿，特别是露地苗床，以防种子霉烂。当发芽率达到 80%的时候，可对苗床进行除草、施肥。第一次一般施用 0.05%复合肥液或稀薄的腐熟人粪尿，根据幼苗的长势可适当增加浓度，但最大浓度不超过 0.5%，一般 1～2 周施肥 1 次。

②病虫害防治：苗期病害以立枯病和根腐病为主。前期立枯病较多，用抗枯灵、敌克松或代森锌等灌根；后期主要为根腐病，一般以多菌灵、根腐灵的防治效果较好。苗期害虫以凤蝶和潜叶蛾为主，也有红蜘蛛等螨类害虫，分别用敌杀死和扫螨净等药物进行防治。此外，应及时清除弱苗与黄化苗。

③移栽：当砧木苗长到 15～20 厘米高时即可移栽，以春末至夏初移栽较好。起苗时淘汰根颈或主根弯曲苗、弱小苗和变异苗等不正常苗。砧木如隔年移栽则宜在翌年春季 2～3 月份进行。移栽时宜尽量少伤根，主根保留 4～5 厘米长即可。移栽密度主要根据品种确定，如枳壳、酸橘砧每 667 平方米栽 1.2 万株左右（株行距 20 厘米×25 厘米），粗柠檬、红橘及红黎檬砧每 667 平方米栽 8000 株左右（株行距 25 厘米×30 厘米）。为便于嫁接及苗期管理，宜将苗圃地整成 1.5 米宽的移植畦，每畦定植 6 行。移栽后及时剔除病苗、死苗，并进行补栽。成活后应及时施肥、除草及病虫害防治。一般每月施稀薄肥水 2～3 次，直至嫁接前 20 天左右。同时及时抹除萌蘖及 20 厘米以下部位的针刺，以增加茎干粗度和

嫁接部位光滑度,便于嫁接。

2. 容器苗培育 容器育苗技术在发达国家已普遍采用。近来,我国主要柑橘产区开始推广容器育苗。容器苗木由于带土定植,原则上讲可在1年中任何时期定植,成活率高,且不存在缓苗期,与露地苗相比能使果园结果期和果园的效益回报期提前到来。容器育苗技术与露地育苗相比有些差异,主要表现在:①使用营养袋(规格为20厘米×30厘米,底部有1~2个排水孔)或育苗桶(规格为桶高30~35厘米,桶口宽10~14厘米,桶底宽7.5~9.5厘米,梯形方桶,底部有1~2个排水孔)。②需要配制专用的营养土。有两种配方应用比较广泛:一种是草炭、冲积土(细河沙)、谷壳为1:1:1;另一种为园田土、有机肥、细河沙为4:3:3。只要能保证营养土疏松透气、肥力好的其他配方也可以。营养土配制过程中需注意营养土pH值的调配与消毒。pH值调配可用硫黄(偏碱)或石灰(偏酸)。消毒可用蒸汽消毒或在太阳底下摊开暴晒。也可每1000千克营养土,用40%福尔马林250克,对水60升喷洒拌匀后堆放,用塑料薄膜覆盖24小时,揭开薄膜10~15天即可。③勤施肥水。容器育苗由于营养土的保水能力及营养总量有限,需注意经常性补充。一般每周施稀薄肥水1次。

(三)无病毒苗培育

1. 接穗的采集、贮存 培育无病毒苗木选用无病毒的接穗是关键技术环节。无病毒接穗来源最佳途径是自主建有无病毒母本园[一般应栽在网室内,容器栽培的更换周期为3年,定植在园田的更新周期为3~6年。《柑橘无病毒苗木繁育规程》(NY/T 973—2006)规定母本采穗园(容器栽培)只能采穗3年];若苗圃无母本园,育苗者应到可靠的无病毒采穗圃如国家柑橘育种中心或国家投资建设的无病毒繁育圃采集。母本树一般应为未结果树,枝条应健壮、芽眼饱满。采下的枝条应立即剪去叶片(防止水分的散失)，并分品种成捆包扎(50～100根包成1捆)，挂上标签(标明品种名称和采穗日期)。接穗随采随用，嫁接成活率最高。如果是从外地采取接穗需采取必要的贮存技术。如少量引种，可在接穗两端用石蜡封闭，然后放在保鲜袋内置于4℃冰箱内即可(可贮存30～60天)。若大量引种嫁接繁苗，成捆包装后需立即用塑料袋包扎，并分层放入纸箱或竹筐内，层与层之间放置一些蘸水的锯木屑或苔藓等保湿、保温运输。到达目的地后有条件的苗圃可直接将成捆的接穗放在低温环境(4℃～6℃)下保存。也可放在室温下(不高于20℃)沙藏。即将接穗成捆、分排埋放在含水5%～10%的清洁细河沙中，每5～7天检查1次河沙含水量。这种方法接穗贮存时间不可过长，一般在20天左右接穗须嫁接完毕。

2. 嫁接　砧木的干径达0.5厘米以上时即可嫁接，嫁接高度在距地面15厘米左右最佳。嫁接常采用单芽切接和单芽腹接法。单芽切接即剪除砧木枝干后进行嫁接的方法，包括切砧、削接穗、插接穗和包扎4个步骤，在春季进行较为适宜。单芽腹接常在夏末至秋初采用，即选择砧木平滑的一侧，从上向下斜切一刀，微伤木质部，后将切开的皮层2/3切去，插上接芽，砧芽形成层对准贴紧后用塑料薄膜包扎。单芽腹接是柑橘最常用的嫁接方法，具有操作简便、成活率高、嫁接时间长等优点。影响嫁接成活的因素主要有：砧穗亲和力、嫁接技术(包括削面、形成层是否对齐与包扎的紧密程度等)及适宜的外界环境条件等。

3. 嫁接苗管理

(1)检查成活情况　嫁接后1～2周检查成活。接芽叶柄一触即落者、芽体颜色保持绿色表明接芽已成活。如接芽枯萎、变色或霉烂，则应及时补接。

(2)解膜　春季嫁接的，接芽成活后即可解除薄膜；8～10月份嫁接的，等翌年春季萌芽前解除。

(3)剪砧、除萌、抹芽　接芽刚萌动时，及时剪砧，以免伤芽。

在稀植园也可折砧或弯砧(有利于保持砧木根系完整及吸收能力)。剪砧最好分两次进行:第一次在芽上方留1厘米左右的短桩,待接芽长出7~8片叶后再平嫁接口上部剪除。剪口与芽的相反方向呈45°角倾斜,以免水分和病菌入侵,并且剪口要平滑。应及时抹除砧木上的萌蘖,一般1周左右进行1次。柑橘为复芽,若接芽同时抽发2~3个新梢,只选留一个粗壮、直立的新梢,而将其余新梢及时除去,以集中养分促进新梢生长。在接芽抽发的新梢生长过程中,结合除萌,应抹除抽发的分枝,保证新梢独干、健壮生长。苗高长到20厘米以上时,可在旁边插一根竹竿或木杆并以水平"8"字形环绑缚,保证枝干直立向上生长而不弯曲。

(4)肥水与病虫害管理　为促进苗木生长健壮,应结合中耕除草勤施肥水,肥料种类以腐熟的有机肥或农家肥为主,适量配合化肥,薄肥多施,抽梢前是施肥的最佳时期。早秋梢抽发后应停止施肥,防止抽发晚秋梢或冬梢,以免受冻。苗期主要病害有脚腐病、立枯病、炭疽病和流胶等,可喷3~4次杀菌剂来防治;害虫主要有金龟子、蚜虫、潜叶蛾、凤蝶等,可选择药剂防治。在疫区要注意溃疡病、黄龙病的侵入。

(四)健壮苗木的标准

衡量柑橘嫁接苗质量的优劣应从两个方面着手:第一是苗木的"内质",即人们从肉眼不能或难以区别的苗木内在的质量,如苗木是否带有国家检疫性病虫害、是否带有对我国柑橘生产具有潜在威胁的部分病毒及类病毒病害、接穗品种和砧木品种的纯度以及砧穗组合是否适宜等。这些内在的质量,只能通过实验仪器或专门技术检测或在后期生产栽培中才能获知。第二是嫁接苗的外在质量,即人们可通过肉眼观察或使用简单的测量工具便可得出评判苗木质量的一系列数据等,如苗木根系的生长、发育状况,主干的生长状况和粗度,嫁接部位的高低,枝叶的生长发育状况及一般病、虫的危害程度等。

健康苗木的标准如下：①接穗、砧木品种来源、纯度可靠。②接穗品种与砧木品种的适应性良好。③不带检疫性病害如黄龙病、溃疡病。④根系完整，须根发达。⑤嫁接口高度及主干粗度合适。合适的嫁接高度，可提高植株的抗寒力、抗脚腐病能力，植株的结果明显提前，树冠和同龄较低砧植株的树冠相比明显矮小。目前生产定植用枳壳砧嫁接苗，嫁接口高度要求不低于 10 厘米，枳橙砧嫁接苗一般在 12 厘米以上，重庆柑橘百万吨工程所需苗木则要求枳橙砧嫁接苗高度在 15 厘米以上。主干粗度越大，其生长越健壮。国家柑橘苗木出圃检测标准规定主干粗度是用卡尺量嫁接口以上 2 厘米处的主干横径，嫁接口越高，主干粗度越小。⑥柑橘嫁接苗出圃时，主干高度以 25 厘米左右比较适宜。一级苗的高度为 60 厘米。现在由于提倡繁育独干苗，苗木高度一般无须过分强调。嫁接苗的主干必须笔直或少许弯曲（GB 9695—88 规定：主干的曲度应低于 15°）。⑦根颈部不扭曲。

（五）苗木的出圃、检疫、贮运与预植

苗木生长达到出圃标准后可根据生产上的需要，适时、按需出圃。

1. 出圃时期　一般在苗木的休眠期（即冬末至翌年春初）起苗。在冬季无冻害的产区也可秋季出圃，因秋季气温适宜，地温较高，苗木移植后根系易恢复生长，苗木成活率高。冬季有冻害的产区，以翌年春季出圃较好，但定植后存在缓苗期。容器苗一般来说 1 年中任何时期都可出圃，但以雨水较多的春季出圃最好。

2. 苗木检疫　检疫性病虫害如黄龙病、衰退病、溃疡病、小实蝇等一旦在柑橘产地传播，对柑橘产业将造成毁灭性的破坏。因此，作为育苗者既要注意引进无病毒接穗、育苗过程中防控检疫性病虫害的入侵，同时在育苗的最后一个环节，在苗木出圃前也要加

强检疫，防止带病苗木出圃。检疫由农业部门专门的质检机构负责，并对合格苗木出具检疫合格证。

3. 露地苗起苗、包装与贮运 起苗前，须除去砧木上的萌蘖，并剪去多余的分枝和未成熟或有冻害的枝梢。如圃地较干燥，最好在起苗前4天左右给圃地浇水使苗木有比较充足的水分贮备，使苗木移栽后能尽快恢复生长，也可避免在起苗时伤根。起苗时应尽量减少伤根，不要破坏根系和损伤苗木的皮层和芽眼。柑橘类果树苗木根部带有菌根，露地移苗时需根部带土或蘸浓泥浆。一般就近定植，可根部带土；长途运输时，先将苗木根系附着的土壤轻轻抖落，然后根部蘸浓泥浆保湿、晾干后包装。包装时，须对苗木进行适当分级，剔除不符合出圃规格的苗木。将合格苗木成捆（一般50株为1捆）包扎，后用塑料袋或塑料薄膜包扎根部，有条件的苗圃还可在根系加一些保湿材料（如锯木屑）即可运输。现在，在柑橘生产发达国家（如美国、巴西）一般是用可降解性材料单株带土包装苗木外运，苗木与包装材料一起定植（能防止根系土壤散失）。

4. 苗木预植 出圃的苗木如不能及时定植应先进行预植，即将出圃的苗木临时性栽植，能经济性地利用土地、便于集中管理。预植有短期（如30天以内）与稍长时期（半年至1年）之分。预植时，选择地势平坦、背风阴凉、排水良好的地块挖宽60厘米、深30～40厘米假植沟，短期预植苗木一株挨一株成排摆放，后填上细壤（沙）土，忌整捆摆放。稍长期预植，苗木的预植密度一般为30～50厘米×50～80厘米。预植好后浇透水，再培土。预植苗木均怕渍水、风干，应适时灌溉。短期预植的苗木应适时定植，否则会影响成活率或成园率，使苗木缓苗期延长。稍长期预植苗木须带土定植，其定植时期可与容器苗相同，无缓苗期。预植大苗定植技术与容器育苗定植技术相比，效果相差不大，但没有采用大量的设施，使得育苗成本大为降低，且易于操作和推广，是一种较适用的柑橘栽培技术。

二、高接换种技术

高接换种是改良品种、调整果树品种结构的有效技术途径。高接换种的主要技术要领如下。

(一)选择被改造树的树龄、树势

高接树的树龄不能太大,树势不能太弱。一般以树龄在20年以下(10~15年最理想)、树势健壮、枝条多且分布均匀的青壮年树最佳。若以树龄大、树势弱的树进行高接换种,换种后成活率低或成活后生长不良,还有的成活后2~3年就枯萎死亡或结果年限很短。高接换种应掌握两个原则:一是不可一次性把树冠高接部位以上枝条全部剪除(易引起根系萎缩、死亡);二是尽可能压低嫁接部位,避免换种后内膛空虚及难以恢复树冠或形成单株产量低的小树冠。

树势强弱可以从大枝的皮色判断。大凡枝条饱满充实,且有纵向白色条纹的,说明该枝干还在增粗生长中,树势较强;而有的枝条色泽暗而黑,无白色条纹,则为衰弱树。倘树干青苔丛生,有蚧类密布,无疑树势也弱。这些衰弱树,高接后的成活率明显不高,即使成活,其抽梢也差,难以早结丰产。

(二)砧穗组合的合理选择

高接换种要注意被换品种与新品种之间的亲和力。常见的中间砧及其适宜高接的品种为:①温州蜜柑。以尾张品系的小叶小果类型为改接对象,适于高接早熟系或普通温州蜜柑,作中间砧适应性广。除少数柚类、本地早蜜橘等外,与其他品种均表现亲和性好、生长发育结果正常。②其他宽皮柑橘。本地早橘适应性广,表现为树势强、产量高、品质佳。因其基砧一般为枸头橙,高接后生长势较强而稳定,尤其适于伊予柑、早熟温州蜜柑等树势较弱的品种。朱红橘、瓯柑等高接温州蜜柑表现亲和性不良,生长慢、叶色不正常,但高接香橼、柠檬表现较好。③甜橙。甜橙类品种改换成脐橙、新会橙、哈姆林甜橙等均表现为亲和力强,生长良好,结果正常。④柚类。柚类共砧高接是改造低劣品种或劣质植株的一条有效途径。文旦柚高接锦橙,表现为生长结果较好,但果皮较粗糙,果型变得略大。改接宽皮柑橘品种,有的表现为亲和性差,生长慢。

柑橘品种之间高接后的亲和性不良,除种性原因外,还有一个原因就是由于中间砧或接穗品种感染病毒病所引起的。温州蜜柑隐性感染柑橘衰退病毒的,如果其上高接对这种病毒敏感的橘橙、橘柚类品种,则会出现接口愈合不良,枝梢出现茎陷点症状,导致生长不良,树势衰弱;如果中间砧带有温州蜜柑萎缩病毒,高接特早熟、早熟温州蜜柑后接穗品种还会产生异形叶或匙形叶,影响生长发育。

与繁育无病毒苗木一样,新品种的接穗应当选自品系纯正、植株健康的无病毒母本树或结果及生长发育长期表现正常的结果树,且生长充实。接穗的准备与贮存等同无病毒苗木繁育。

(三)高接换种的适宜时期及部位

高接换种的适宜时期与苗木嫁接时期相同,一般在春季或秋季,以秋季高接、春季剪除嫁接部位上部枝梢效果最佳。嫁接部位以选择在不同方向分布均匀的3~4个主枝或每个主枝选2个左右侧枝在距离根颈部30~50厘米处嫁接最好。每个主枝或侧枝选择两个侧面同时嫁接,一方面保证每个主枝或侧枝有新梢长出,另一方面有利于快速恢复树冠或培养良好的树冠。不要在下垂枝、水平枝上进行高接换种。高接换种除中间比较粗壮、相应接穗也需用较粗壮的外,嫁接方法与繁苗基本相同。高接换种在国外由于农场主管理面积大,以切接为主;在我国果农主要采用单芽腹接的方法。

单芽腹接的主要技术环节包括:一是切砧。用刀在大枝嫁接处,从上往下斜平切一刀,切面长 2 厘米以上,并削去砧木切口外侧部分的一半。具体要求:切面平直光滑无凹凸痕,略现木质都。切面大小视芽片大小和砧木粗细在下刀时灵活掌握。二是削芽。左手倒持接穗,右手持芽接刀,将刀放平,从芽的下端 1 厘米处往芽的上端平削至芽的上方 0.5 厘米处为止。再于芽上方 0.5 厘米处横切一刀,将芽片切下,芽片呈盾形。三是插芽。手持削成的芽片轻轻地平直插入砧木切口中,要求芽片与砧木的形成层至少有一边吻合。芽片底部必须与砧木切口底部密接,不能留有空隙。芽片上部不能高于砧木切口上部。四是捆绑。用聚氯乙烯薄膜包扎,扎时分露芽和不露芽两种。不露芽包扎方便易操作,但成活后萌芽前需挑开一个孔,使芽萌发抽生。

(四)高接后的管理

1. 检查成活率,及时补接 高接 1~2 周后检查成活率。如接芽变为褐色,表明没有成活,应及时进行补接。如果接芽新鲜,保持绿色,表明已成活。等接芽与中间砧完全愈合后接芽即将萌发时用小刀挑破芽眼处的薄膜。挑芽时不宜挑得过早(由于高接换种伤口较大,过早挑膜易导致水分蒸发过多,造成接芽回枯或愈合不完全)或过迟(过迟易束缚嫁接部位生长,导致畸形),也不宜挑得过大,否则遇下雨或低温,接芽就会坏死,影响成活率。

2. 剪砧 秋季高接的在翌年春季即 3 月上中旬进行剪砧,剪砧宜分两次完成。第一次在接口上方 15~35 厘米处剪砧或锯砧,在每个嫁接枝条留 1~2 枝长势中下的枝条作为引水枝,保证嫁接枝条含水量,有利于接芽成活。待接芽抽发后再齐嫁接口进行第二次剪砧。

3. 除萌、摘心、抹梢 接芽成活后及时抹除中间砧上及接芽附近的萌芽,3~5天清除1次。当新梢长至8~10片叶时进行摘心,促使其老化,以利于提前萌发第二次梢。对生长过密的枝,按照“三抽一、五抽二”的原则进行疏梢,使树体枝条分布均匀。

4. 解膜、立支柱、树干刷白 在第一次新梢老化后应及时解膜,以免皮层受压凹陷而折断新梢。当新梢长至30厘米左右时,要及时用竹竿、树干等对新梢进行捆绑固定,防止风吹折断。五年生以上的树干应用涂白剂进行树干刷白,或在树干上绑稻草,以防止树干被阳光直射,发生裂皮病。涂白剂按石灰、石硫合剂、水为1:0.04:5的比例配制。

5. 肥水管理 高接树施肥宜薄肥勤施,1年土壤施肥4次,施肥关键时期为每次抽梢前。春、夏、秋肥主要以速效肥为主,有机肥为辅。施肥量根据树龄大小而定,一般每次每株施尿素0.25千克+有机复合肥0.5千克,或株施尿素0.25千克+稀薄人粪尿30千克,或株施尿素0.25千克+油枯水30升。冬肥以有机肥为主,每株施农家肥40~50千克、磷肥1~1.5千克,配合施石灰1~2千克。在每次新梢抽发期用0.3%尿素+0.2%磷酸二氢钾进行根外追肥2次,可同农药一起喷施。干旱季节及时灌水,及时中耕除草,保持土壤疏松肥沃,为根系生长创造良好的环境条件。此外,对危害柑橘的红蜘蛛、潜叶蛾、凤蝶、象鼻虫、炭疽等病虫害要及时进行防治。

6. 逐步修剪辅养枝 高接树当年由于树冠还未恢复,如果全部剪除辅养枝易造成树体光秃,导致中间砧枝条日灼病严重,接芽长势弱、表现“缺素”,有的接芽成活抽生的新梢在夏、秋季的高温干旱时干枯死亡,甚至整株干枯死亡。特别是树龄大、接芽又少的树更加明显。对辅养枝进行逐步修剪则可明显减轻上述症状的发生率。其方法是在接芽萌发抽梢生长后依据树冠恢复生长的情况，在当年秋季修除辅养枝的1/3，翌年春季修除辅养枝的另外1/3，余下1/3辅养枝则在秋季全部修除。

7. 注意合理投产　高接换种后地上部由于大量去除枝叶，导致地下部根系功能减弱。因此接后第一年，一定要严格疏花疏果，做到不结果；第二年也要严格控制产量，看树势实行"计划生育"，使植株特别是根系的功能和树冠逐步恢复到原有水平；第三年可开始正常挂果。即"1年接，2年产，3年恢复产量"。

思考题

1. 如何培育优质无病毒苗木？
2. 高接换种的关键技术环节有哪些？

第五章　柑橘建园技术

一、柑橘生长发育适宜的生态环境

柑橘大多数原产于我国和东南亚的湿热地区，在长期的个体发育和系统发育过程中，与外部环境条件相互作用、相互适应，形成了柑橘的常绿性、较耐阴、不耐低温、根部好气好水、要求有机质丰富的特点。

（一）温　度

温度是决定柑橘栽培分布的最主要生态因子，对果实品质、色泽、成熟期及萌芽、开花有直接的影响。如椪柑在南亚热带栽培投产早、果实含糖量较北缘产区高 2～3 个百分点。早熟温州蜜柑兴津在云南省华宁 8 月底至 9 月初即可成熟，而华中地区 10 月中上旬才成熟。全世界柑橘栽培地区的年平均温度大多为 15℃～22℃，在此范围内，年均温越高，柑橘果实品质越佳。柑橘最适宜的生长温度为 23℃～31℃，地温达到 12.8℃时根系开始活动，柑橘的生长季就是指平均温度高于 12.8℃的时期。气温达到 37℃以上时，柑橘生长活动停止、易产生日灼。气温超过 35℃加剧生理落果。柑橘不同种类对低温的抵抗力不同。枳壳最耐寒，能耐 –20℃的低温，宜昌橙能耐 –15℃低温。栽培品种中，金柑能耐 –12℃低温，温州蜜柑能耐 –9℃低温，甜橙和柚类能忍受 –6℃的低温，而柠檬在低于 –3℃的环境下就会死亡。同时，年均温高低也是决定柑橘分布的最重要生态因子。如脐橙以年均温 17℃左右的产区表现较好；伏令夏橙要求年均温在 18℃以上，且冬季无霜冻或霜冻期极短，1月平均温度不低于10℃，绝对低温不低于-2℃。日本学者田中长三郎曾提出温州蜜柑栽培对温度最低要求的“三五”线，即年平均温度15℃，冷月平均温度5℃，极端低温-5℃。

单纯以年均温来衡量柑橘生长、发育所需要的热量指标，便于计算和使用，但是不能反映柑橘果树各生育期分布和变化的特征。如河南省南阳与云南省昆明，年均温分别为15.2℃和14.8℃，均在15℃左右，但极端低温相差很大，南阳最低温度为-21.2℃，昆明为-5.4℃，昆明市能够种植柑橘，而南阳不能。根据我国柑橘生产实际，以年有效积温、年平均温度、冬季最冷月的极端低温和最冷月平均温度（指1月份或2月份的平均温度）作为衡量柑橘是否适栽、适栽什么品种的温度因子较为科学。

（二）光　照

光照是柑橘生长发育必不可少的条件之一，是植物光合作用的能量来源，直接影响植株的生长、产量和品质。柑橘属半耐阴性果树，对光照的适应范围较广，一般光照时数在1 200～2 700小时均能满足正常生长结果的需要。我国柑橘产区均能满足这一需求。相比之下，以光照时间长更好，有利于果实增糖减酸。柑橘是短光照果树，喜漫射光，光照过强或过弱都对其生长不利。柑橘的光饱和点为35 000～40 000勒克斯，光补偿点为1 000～2 000勒克斯。

光照不足或过强，都会给柑橘生长带来不利影响。光照不足的郁闭柑橘园，叶片变平、变薄，发芽率、成枝力降低，甚至枝叶枯死，开花坐果期坐果率降低，成熟果实含酸量高、可溶性固形物含量低，还导致花芽分化不良。但光照过强（主要在夏季），加之温度过高，则会发生果实日灼或树干裂皮。

(三)水分和湿度

柑橘为常绿果树,喜温暖、湿润的环境,年生长量、结果量大,对水分的需求量也较大。据分析,温州蜜柑果实中的水分含量达到87%,枝、叶、根等部位的含水量大约为50%。适宜的降水、湿度和土壤含水量有利于柑橘类果树的生长发育和产量、品质的提高。一般认为柑橘果树的生长结果以年降水量1000～2000毫米、空气相对湿度75%左右、土壤最大持水量60%～80%为宜。我国的多数柑橘产区基本上能达到上述要求。但是由于降水量季节性分布不均、雨季降水量又比较集中,特别是我国柑橘产区主要分布在山地丘陵地区,灌溉还是一个关键技术环节。栽培灌溉技术也是导致我国柑橘果实质量及栽培技术落后于世界柑橘生产发达国家的主要因素。

柑橘的实际需水量因品种、气候、土壤和季节不同而有差异。在我国绝大部分产区,8～9月份是夏秋梢抽发、果实膨大的关键时期,同时气温高、水分蒸发量大,是需水的关键时期。但经常性出现伏旱,若不适时灌溉易导致果实发育受阻,如久旱降水又会引起裂果。在雨季降水过多,土壤积水,导致根系吸收功能减弱,甚至烂根,进而引起叶片、花和果实的脱落,严重者会使植株死亡,因此需注意排涝。同时,在梅雨季节降水过多、过频,还会引起潜叶蛾防治困难。在溃疡病疫区易引起溃疡病大发生。

空气相对湿度对某些种类柑橘影响较大,如脐橙在花期和幼果期空气相对湿度达到85%时,落花、落果严重。现在,在日本、韩国和我国,在果实采前1个月进行根系控水(如树盘覆膜)是提高果实品质的一项适用技术。

(四)土　壤

土壤是柑橘树生长的基础。土壤的理化性状及深度、肥沃程度对柑橘根系分布及树体生长有显著的影响。柑橘对土壤适应性较广，在我国柑橘产区有砂壤土、红（黄）壤土、水稻土、冲积土、黏壤土、盐碱土各种土壤类型，在美国还有粗沙土，西班牙有重壤土。成土母质有紫色页岩、花岗岩、石灰岩等。最适宜柑橘生长结果的土壤类型是有机质丰富、pH 值 5.5～6.5、土层深厚、结构良好、疏松肥沃、保水排水性能强，这种类型的土壤根系分布深且广，水分、养分吸收面大，受土壤干、湿变化和高温、寒冷变化影响小，生长旺盛，结果大且寿命长。为保证柑橘生长、结果良好，增强树体抗性，土层厚度以 80～100 厘米为宜。果园地下水位低（最好在地表 1.5 米以下），注重土壤改良，土壤中有机质含量不低于 2%～3%（能有效改良土壤结构、促进柑橘菌根的发育），形成团粒结构（即构成土壤的单个颗粒细小）。提高土壤有机质含量须注重果园生草及施用有机肥。

（五）其他因子

影响柑橘生长发育的其他生态因子还有风、二氧化碳、海拔高度、坡度、坡向及空气质量等。它们不是影响柑橘树的生存条件，但能显著地影响小气候及柑橘树的生长发育。

风的作用是双向的。微风使柑橘园空气流通、提高植株蒸腾能力、增强呼吸作用和光合作用，同时能够防止和减轻冬季霜冻和夏季高温危害，还能够降低柑橘园内的湿度、减少病虫害；但大风尤其是台风对橘园又有破坏作用，加剧果园土壤蒸发，使树枝折断、落果、果实损伤，甚至造成病害的流行。夏、秋干旱大风还引起红蜘蛛的大量发生。

二氧化碳是植物光合作用的原料。在适宜的条件下，生长旺盛的柑橘果树每天每公顷吸收二氧化碳 130～150 千克。在保护地栽培中，适量施用二氧化碳气肥可增强光合作用。

海拔高度直接影响气温。相同纬度但海拔高度不同，气温差异较大。海拔越高，气温越低。一般海拔每上升100米，气温下降0.5℃～0.6℃，年降水量增加30～50毫米，直射光的强度增加4.5%，紫外光强度增加3%～4%，从而影响柑橘的分布、果实成熟的早晚和果实品质。

我国柑橘园大多建在坡地。一般来说，坡度不同，土壤和水分状况常有较大差异。坡度越大，土层愈薄，肥力与水分条件愈差。一般以5°～10°的缓坡建园最好，在10°以上的坡地建园水土易流失，须做好水土保持工作（如坡改梯、坡壁种草等工程或生物措施）。

山坡坡向不同影响日照时间、温度、水分等，对树势、产量、果实外观及品质等均有影响。南向坡日照时间最长、光量最多，在柑橘栽培北缘地带是最优方向。但高温地区夏季升温快，土壤表层的须根及果实常受高温影响，诱发烧伤或日灼。北向坡受光量少、蒸发量小、土壤含水量高，在高温地区种植柑橘效果较好。东向坡受光早、枝叶朝露早干、气温上升快，枝梢生长良好，果品优良。但在低温地区，凌晨已霜冻的树体或枝叶，受朝日照射，霜冻融解快，易受冻害。西向坡在冬季受落日照射，树体温度高，生理活动旺盛，日落后降温快，易受寒害，日烧病也较多，是柑橘栽培最劣方向。在实际建园中，坡向选择多根据当地具体条件进行，如川东以选阳坡为好，浙江衢州山地橘园以东南向最佳。

柑橘生产也可选择小地形发展。如山区可利用冬、春夜间冷空气下沉，山脚热空气上升，在一定高度的山坡上能形成逆温层的地方种植不耐寒品种。利用江、河、大水库的调节气温能力，可在大水体周围发展柑橘。

二、建园及基本种植制度

(一)园址选择的标准

柑橘树为多年生植物,对园址选择要科学分析,一般主要考察以下几个方面:①温度条件,查阅最近 8 ~ 10 年最靠近园地的气象站记载的年平均温度、有效积温、绝对低温、1 月份平均温度等。②调查当地种植柑橘的历史或指示植物(如樟树)的生长情况。③选择小气候条件,如利用逆温层、自然屏障及选择大水体周围。除上述考察内容外,还要分析土壤状况(如土层深度、土壤酸碱度、地下水位高度等)、考察水源及交通条件以及气候和当地农民的技术水准。

(二)园地规划与建设

1. 园地规划

(1)小区规划　要达到下列几项要求:①一个小区内的土壤、气候条件和光照条件比较一致;②便于防止风害与水土流失;③便于果园栽培管理与采果等。小区面积大小依地形、地势而定。地势平坦的果园可达到 13.3 ~ 20 公顷,地形、地势比较复杂的山地、丘陵小区面积可规划到 0.67 ~ 1.3 公顷。在平地、台地及缓坡地可采用长方形;山地可采用近似带状的长方形,长边因地就势沿等高方向弯曲,可筑成梯田。

(2)道路及排灌系统规划

①果园道路规划:以"运输方便、距离短、布局合理并与小区排灌系统相配合、尽量少占熟地"为原则,包括主干道、支路、(梯面)便道和单车轨道等的规划。

主干道:与公路相接或是公路的一部分,可通汽车、拖拉机,至少双车道(设转弯处),路基要坚固,路边设排水沟。

支路:设在小区间,与主干道相连,以便拖拉机等小型运输工具在全园运输。宽3~4米,设停车处。支路沿山腰或山脚修建,路边设排水沟。支路修建可与防风林相结合。

(梯面)便道:又称工作道、人行道。宽度考虑果园施肥、喷药及采果等工作量,以2米最佳,沿小区顺坡分水线设置。便道修建应与排水沟、防风林相结合。

单车轨道:主要用于山区及河谷地带的果园,方便采果及果实运输,可结合支路与便道规划设计,一般果园面积超过3.3公顷可设一个单车轨道。

②灌溉排水系统规划:橘园的排灌沟渠一般应与道路结合,设于路的一侧,经济利用土地。排灌沟渠底部的水平差以1/1 000的比降为合适,以防冲刷。有条件的产区可设置灌溉管道(抽水灌溉),主管道应纵横贯穿果园,连通各小区水池,安装闸阀给蓄水池供水。山地果园还可根据柑橘需水量,在果园不同地段高处修建蓄水池蓄水、引水,利用落差自流灌溉,每公顷设计容量为750~1 050立方米。山地果园在果园上方林带与橙园交界处应设置拦洪沟,大小视果园上方积水量而定,以利于将雨水排入自然排水沟或引入蓄水池。梯地果园每台梯地,应在梯面内挖宽、深各20~30厘米的背沟,背沟雨季可排水,旱季可用于抗旱。橘园背沟及排水沟应在宽缓处挖筑沉沙坑,以沉积排水中的泥土,并在雨季及时清淤培于树下。

(3)辅助设施规划　在每个小区靠近主干道设临时性的休息室(果实成熟时可作为值班室和销售用房)和工具室(用以存放工具、化肥及农药等)。在果园支路或便道旁选择果园背风处按0.33~0.67公顷配置沤肥池或贮粪池一个,容积以10~20立方米为宜。沤肥池用于沤腐绿肥、农家肥,也可配合施肥和抗旱之用。在柑橘栽培的北缘地带及沿海柑橘产区,应规划设置防风林。防风林对橘园防冻、防风、调温、增湿等方面有明显的作用。防风林带的配置方式以高大树种栽在迎风的东北、西北及北面,小乔木、灌木栽在它的前后两侧,主林带一般不少于4行树。林带中乔木行距2~3米,株距1.5米左右。防风林带与最靠近的一行果树距离应在10米以上,最好林带与果园之间挖一深沟。作为防风林的树种应选择对当地环境条件适应性强、生长迅速、树冠高大直立、寿命长的树种,最好有一定经济价值。这些树种最好根蘖不多、与柑橘无共同的病虫害或不是柑橘病虫害的中间寄主。常用树种有杉树、樟树、丛竹等。

2. 园地建设

(1)施肥改土　将果园沿定植方向挖深80~100厘米、宽80厘米的定植沟,将表土与土壤改良剂(如锯木屑、枯枝、秸秆及农家肥等)分层填入定植沟中,并掺入少量石灰中和酸性土,并把定植沟整平,培出边埂、挖出背沟,栽植沟高出地面30~40厘米,以备定植后下陷。平地及台地果园可采用起垄栽培技术(即将定植沟两侧的表土堆入定植沟),这种技术需较完备的施肥与灌溉技术。

(2)品种、品系的选择　要考虑适应性、丰产性和品质(包括高糖、低酸、无核、外观等)销路及产品定位。如赣南可发展早、中熟脐橙,三峡库区可利用低海拔地区无霜冻发展晚熟脐橙品种,海拔在600米左右发展早熟、耐寒品种。温州蜜柑以扁圆形品种较好,脐橙以外观橙红色较受消费者欢迎。罐头加工业发达的产区可适当发展中、晚熟温州蜜柑品种。

3. 苗木定植　柑橘园规划、建设完成后须安排苗木定植。

(1)确定栽植密度和栽植方式　栽植密度视栽培条件、品种、砧木及土壤条件确定,一般以成年树冠的大小为依据。现代柑橘生产主要以适当稀植(有利于通风透光、农事操作及病虫害防控)为原则。主要品种平(台)地、丘陵山地栽植密度见表5-1。

表 5-1　平(台)地、丘陵山地柑橘园栽植株行距　(单位:米)

品　种	平(台)地柑橘园	丘陵山地柑橘园	品　种	平(台)地柑橘园	丘陵山地柑橘园
普通甜橙/枳	4×4	3×4	柠檬/枳	4×5	4×4
早熟温柑/枳	4×4	3×4	柠檬/香橼	5×5	4×4
中熟温柑/枳	4×5	4×4	柚/酸柚	5×6	4×5
椪柑/枳	4×4	3×4	柚/枳砧	4×4	4×4
本地早/枳	4×4	3×4	金柑/枳	3×3	2.5×3

柑橘树的栽植方式以经济利用土地为原则。常用的几种栽植方式为:长方形栽植、正方形栽植及三角形栽植。梯地或山地果园适于等高栽植,有利于保持水土。株距一定,同长方形。

(2)定植前准备　定植前须做以下几项工作:一是拉绳定窝,根据栽植密度和栽植方式,用绳索按株行距用石灰定点,按点定植;二是准备定植苗,最好定植带土苗木。

(3)栽植时期和定植技术

①定植时期:在冬季温暖的产区,以秋季(10～11月份)定植为宜。可当年恢复受损的根系,有利于苗木春季恢复生长,可减少缓苗时间。冬季低温频率较高的产区,以立春后、梅雨季节前种植较好,有缓苗期。对于容器苗或预植苗木,春、夏、秋季定植均可。②定植技术:栽植深度以苗木根颈部露出地面5～10厘米为宜。将定植苗放入定植穴中,苗木端直、根系舒展,然后填土垒盘,浇足定根水,再压实树盘土壤,可用稻草或地膜覆盖。近年来,广大果农总结出了“六个一”栽植法,即一个大坑、一担(50千克)有机肥、一株大壮苗、一担(50升)水、一个土堆、一把草或一块地膜,不仅大大提高了苗木的成活率,而且苗木生长健壮。即挖1米×1米的大坑,将表土和心土分放,然后按每穴50千克有机肥分层填入穴内,并覆土起垄,垄高30～40厘米。再按标准定植一株壮苗,定

植后每株及时浇水50升左右。等水渗完后再覆土,在树盘培土形成20厘米高的土堆,用于保水、施肥。最后用稻草或地膜覆盖树盘。

4. 栽后管理

(1)培养早结丰产树形　柑橘树形以自然圆头形或自然半圆头形为多,苗木定植当年是培养树形的关键。定植后抽发第一次新梢时,在主干离地面20~30厘米处选留3~4个分布均匀的新梢作为主枝,在每次新梢老熟后短截,萌芽后再保留2~3个新梢,作为主侧枝,经过1年的培养即可形成良好的树形。有的产区树形在苗期或预植期就已培养形成。

(2)土肥水管理及病虫害管理　与苗期管理方法相近。

三、低产园改造

柑橘低产园指树势弱或过强、根系分布范围小、须根少、花量多而落花落果严重、产量低、品质差、经济效益低的果园。低产果园一方面影响果农的经济收入,另一方面效益差,导致果园失管,是各种病虫害滋生的温床,必须加以改良。

(一)扩穴改土

10月下旬至11月份在树冠滴水线处挖槽,槽深60~80厘米、宽50~60厘米、长1~1.2米,挖出的表土与心土分开堆放,然后按20~30厘米为1层,分3层施基肥。第一层(最底层)施入含粗纤维的杂草30千克,压实,撒入1.5千克石灰;第二层施入草皮、农家肥20~40千克,填入表土;第三层施入饼枯肥5千克、磷肥2千克、腐熟的有机肥及人、畜粪尿,填入心土,填土高出地面20厘米。

(二)适时追肥

根据树体不同生理时期的需要,有针对性地追肥。花前肥,在春梢萌芽前2周(2月底至3月初)施用,株施复合肥0.5~0.7千克加尿素0.2~0.3千克,占年追肥的20%,以补充开花及春梢抽发消耗的营养。稳果肥,在5月上中旬施用,占全年追肥的15%,株施复合肥0.4~0.5千克,少施速效性氮肥以免造成夏梢大量抽发而引起大量的生理落果。壮果肥,在夏末至秋初(6月25日至7月5日)施入,施肥量占全年追肥的50%,株施复合肥1.5千克及0.2千克尿素,保证果大、质优及抽发的秋梢粗壮、饱满。采前肥,在采果前2~3周施入,株施复合肥0.4千克加钙、镁、磷肥1.5千克,占全年追肥的15%,主要是恢复树势,为花芽分化提供物质基础。切忌单纯施用尿素等速效性氮肥,防止晚秋梢及冬梢的抽发。

(三)改善生态环境

为改善果园生态环境,防止山地果园水土流失,可在果园种植绿肥。行间适宜种植三叶草、豆科作物,梯壁以种百喜草、苜蓿等植物为佳。同时,改善果园灌溉条件,在果园不同高段建蓄水池蓄水,旱季自流灌溉。在夏、秋高温干旱季节,实施树盘覆盖。

(四)合理疏删及整形修剪

大部分低产柑橘园都是密植果园,不通风、不透光,天牛、介壳虫等为害严重,且树体内膛光秃。因此,须疏除过密树、衰老树、病虫严重树。对保留树的修剪以恢复树势为主,采取大枝修剪及回缩修剪为主的修剪方法。

(五)加强果园病虫害综合防治

针对产区发生的主要病虫害,抓住关键发生时期,采取物理的、化学的、生物的措施进行防治。如在我国柑橘产区现在广泛采用的“三挂一种”技术，即挂杀虫灯、挂捕食螨、挂黏虫板，行间种草。同时，要求做好冬、春季清园消毒工作，对树干进行涂白，剪除、清理、烧毁病虫枯枝，果园及周边杂草喷射杀虫、灭菌药剂，翻耕土壤，捣毁越冬害虫巢穴，对树体喷 1～2 次石硫合剂、波尔多液或松脂合剂，使翌年病虫害的发生减少到最低限度。

思考题

1. 如何使新品种达到优质高产？
2. 如何建设高标准柑橘园？
3. 低产园改造的关键技术环节包括哪些方面？

第六章　柑橘土肥水管理技术

一、柑橘园的土壤管理

(一)土壤对柑橘生长发育的影响

土壤是由有机质、无机盐、水分、空气、微生物等组成,是柑橘生长的基础。柑橘果树种植在土层深厚、土质疏松、透气性强、排水性好、酸碱度适宜和有机质含量高的土壤中,才能生长旺盛、丰产稳产。

柑橘根系深广,深入土层1米左右,所需有效土层不低于0.6米。深厚的土层有利于根系利用土壤中的养分和水分,增强树体的抗旱、抗寒能力。

土壤类型很多,适宜柑橘生长的主要土壤类型有红壤、黄壤、沙土、黏土、壤土及其混合类型等,其中以砂壤土类型较好。砂壤土含黏粒和沙粒的比例适当,土壤理化性质良好,保水保肥力强,透水性透气性适中,是栽培柑橘理想的土壤。总体上讲,我国柑橘产区土壤营养成分不平衡的问题比较严重。

柑橘比较适宜微酸性的土壤,最适宜的土壤pH值5.5~6.5。

土壤有机质是存在于土壤中的所有含碳的有机物质,包括各种动植物残体、微生物体及其分解和合成的各种有机物质,是土壤的重要组成部分。尽管有机质只占土壤总重量很小的一部分,但与土壤形成、土壤肥力、环境保护及农业生产可持续发展有着很重要的关系,它含有植物生长所需的各种营养元素,是土壤微生物生命活动的能源,影响土壤的透水性、持水性、吸水性、缓冲性及团粒结构的形成等。因此，柑橘园土壤管理的一个重要目标就是使土壤有机质含量稳定在柑橘生长发育适宜的程度。我国柑橘园的有机质含量普遍较低，在1%～2%。国内外研究认为，柑橘园土壤的有机质含量在3%左右较好。

(二)土壤的管理措施

1. 防止土壤侵蚀　我国柑橘园主要分布在山区，建在山地，由于雨水冲刷，水土流失比较严重。因而盖草和适当的生草栽培有防止土壤侵蚀的效果。在坡度超过20°的坡地，应尽可能筑梯田进行等高栽培。在柑橘园实行间种的绿肥或生草应是与柑橘无共性病虫、浅根、矮秆，以豆科和禾本科牧草为宜，适时刈割翻埋于土壤中或覆盖在树盘。绿肥作物的选择应符合如下标准：一是适于当地生长，容易栽培，鲜绿肥产量高，种子繁殖系数大；二是养分含量丰富，根系浅不发达，改良土壤作用大；三是利用、翻压期符合果树生长结果要求；四是与柑橘果树争夺肥水的矛盾不大，植株矮，茎攀缘缠绕性不强，夏季作物要求生长迅速，雨季覆盖度大。常用的绿肥作物有紫花豌豆、绿豆、紫云英、紫花苜蓿、白三叶草、百喜草等。

2. 深翻改土

(1)深翻改土的作用　一是改变土壤的水、热、气的状况。深翻不仅可以疏松土层，还可以改善土壤的板结状况。深翻结合施有机肥，效果更好。可以增加土壤的孔隙度，降低土壤容量，增加有机质。深翻对土壤含水量、土壤理化状况和有效养分含量都有不同程度的改善。二是有利于果树根系的生长和发育。三是有利于增强树势，提高产量。四是深翻增加土壤的孔隙度，降低化肥、农药等在土表的积累，以防止或减轻对果实的危害和土壤污染。

(2)深翻方法　深翻要适时。根据各地的气候条件，避开根系生长高峰，尽量少伤根，否则引起卷叶、落叶和枯枝。一般以果实采收前后、结合秋施基肥进行为宜。深翻方法包括壕沟式和环状沟式等。在平地和台面较宽的梯地，株行整齐的柑橘园，可采用壕沟式深翻；如株行距不整齐，可采用环状沟深翻。通常从树冠外围滴水线开始，逐年向外扩展0.4～0.5米，回填时混以绿肥、秸秆或腐熟的人粪尿、堆肥、厩肥和饼肥等。表土放在底层，新土放在表层，然后对穴内充分灌水。无论用哪种深翻方法，都必须尽可能减少对大根的伤害。如果出现较大的断根，都要进行剪平修整，根系必须入土不能外露，并结合施有机肥。地下水位较高的柑橘园，应及时开挖或疏通排水沟，防止烂根。深翻改土是一种比较耗力的橘园管理方式，现在由于农村劳动力紧缺，深翻改土主要在建园时采用，定植后更多提倡水肥同施等省力的栽培方式。

3. 中耕除草 我国主要柑橘产区，大多处在热量丰富、雨水充沛的亚热带地区，杂草易生长。通常为了养分的有效积累和防止病虫害滋生，对无覆盖、无间作物或免耕、半免耕的柑橘果园，每年进行3～4次的中耕除草。通过中耕，可疏松土壤，破坏土壤毛细管结构，切断水分上升通道，减少蒸发，并起到减少杂草、防止病虫害的作用。

4. 适当间作、覆盖 对柑橘果园进行浅耕，在行间种西瓜、蔬菜、草莓及豆类等作物，既可以覆盖土壤，又能够增加果园收入。值得注意的是，要主次分明。柑橘树是主体，间作作物不能影响柑橘果树的生长发育、产量和品质。其次，尽量不要种小麦、玉米、红薯等吸肥力强的作物。另外，间作作物应实行轮作，避免和防止间作作物病虫害对柑橘产生影响。覆盖主要是指覆草和盖地膜。覆草是在树冠下的树盘或全园铺以杂草、稻草、麦秸、玉米秸及绿肥等。铺草厚度以10～20厘米为宜。覆草可以有效防止土壤冲刷，夏季降低土温，冬季保温，增加和补充土壤中有机质，减少杂草滋生，使表土疏松，有利于根系生长。但是，全年覆盖需草量大，易发生虫、鼠害和火灾。冬季用地膜覆盖能明显增温、保湿。

5. 免耕制 即土壤不耕作，利用除草剂防除杂草。可以保持土壤自然结构，节省劳力和成本，对丘陵山地更能减缓地表径流和水土流失。使用除草剂杀灭杂草后土壤仍有相当程度的覆盖面，并可增加有机质含量。但由于改变了柑橘园内微环境，对红蜘蛛的防治有不利影响。

二、柑橘园的肥料管理

(一)肥料对柑橘生长发育的影响

柑橘在整个生长发育过程中，需要30多种营养元素。其中大量元素有氮、磷、钾、钙、镁、硫等，微量元素有硼、锌、锰、铁、铜、钼等，它们对柑橘的生长发育与果实品质都有特定的作用。研究表明，每生产100千克柑橘果实，需要氮1.1～1.18千克、磷0.17～0.27千克、钾1.7～2.61千克、钙0.36～1.04千克和镁0.17～1.19千克。为保证柑橘植株对各种营养元素的需求，需考虑园地的土壤、品种特性、气候变化、物候期等因素。不同的种植环境、不同的柑橘品种及不同的销售地等，对施肥的要求都有不同，科学合理地施肥来源于对柑橘营养的正确诊断。柑橘营养诊断的方法有树相特征诊断、叶片营养分析和土壤养分丰缺诊断等。树相特征诊断是根据生产上缺素症状的观察来确定树体某种营养元素的盈亏状况(表6-1)，比较直观，有经验的技术人员才能准确判断。土壤分析即用浸提液提取土壤中各种可给态养分，进行定量分析并进行土壤肥力估计，其缺陷是只能表示土壤养分的供应能力，不能反映树体营养的现实状况。叶片营养诊断技术是当前比较成熟的树体营养分析技术，其优点在于能表明已被根系吸收并分布在植株不同器官和组织的现状。另外，叶片分析取样仅是树体的很小部分，不会影响树体的正常生长、结果。土壤分析与叶片营养诊断技术相结合指导施肥，能获得较大的经济效益。

表 6-1　柑橘营养元素缺乏症状比较

<table>
<tr><th colspan="4">症状最早出现于新叶</th><th rowspan="3">症状最早出现于老叶</th></tr>
<tr><th colspan="2">叶色均匀</th><th rowspan="2">叶脉色深，叶肉色淡，叶形和大小近于正常</th><th rowspan="2">叶脉色淡、叶肉色深</th></tr>
<tr><th>生长衰弱常呈丛生状</th><th>叶小</th></tr>
<tr><td>缺氮：叶淡绿色至黄色，停止生长早</td><td rowspan="3">缺锌：侧脉间叶脉呈肋状黄化</td><td>缺铁：叶肉淡绿色、黄色直至白色，仅叶脉呈绿色网纹状</td><td rowspan="3">缺硼：叶脉不转绿，呈黄白色，脉肿，纵向开裂，木栓化。果小呈僵果，皮厚，生理落果重，白皮层有胶状物</td><td>缺镁：侧脉间叶色开始褪绿，后扩展至全叶，叶基部呈倒“V”字形暗绿色</td></tr>
<tr><td>缺硫：叶黄绿色至黄色</td><td rowspan="2">缺锰：叶肉淡绿色、黄绿色或花斑状，叶脉及其附近叶肉呈暗绿色</td><td>缺钙：叶褪绿始于叶缘，后扩展至叶脉间，严重时主脉黄化，或在叶面出现细小死斑</td></tr>
<tr><td>缺钾：叶较小、暗绿色至古铜色，沿中脉有横的皱褶。果小</td><td>缺磷：叶片无光泽、呈暗绿色，叶先端发生枯焦</td></tr>
</table>

（二）肥料的管理措施

1. 施肥时期　掌握正确的施肥时期是施肥技术中的重要环节。施肥主要考虑柑橘植株生长、发育阶段和物候期、土壤养分及肥料性质等。

（1）幼龄树施肥　主要是促进枝梢抽发，以迅速扩大树冠形成树体骨架，促进提早结果，为后期的丰产奠定稳定基础。根据幼树多次发梢及树小、根幼嫩的特点宜多次追肥、薄肥勤施。通常在生长季节（3～8 月份），每月施 1 次稀薄肥水，以腐熟的农家肥掺和 5%～10%的化肥、复合肥效果较好，年施肥 4～6 次；春梢是以后各次梢的基础，因此春梢萌发前的施肥量要适当增加。为避免幼树抽发晚秋梢，8～10 月份需控制施肥。在年底或早春，可结合挖槽改土施1次较重的有机肥。

(2)结果树施肥　对成年结果树,应注意基肥与追肥的施用。基肥一般在果实采收前后施;追肥主要根据植株生长发育对营养的需求进行施用,一般有萌芽肥、稳果肥、壮果肥和采果肥。

①基肥:结果树经过1年生长、开花和结果,消耗了大量的营养,树势有所削弱,而采果前后正是大量花芽和越冬锻炼的时期,应及时施肥以恢复树势、提高抗寒力和促进花芽形成。另外,还有改良土壤作用。基肥以日均温稳定在12℃前1~2周施效果最好,可起到根系修剪及促发新根作用。基肥以迟效有机肥(厩肥、堆肥及饼肥)为主,混合适量速效肥如氮肥和磷肥。现在,柑橘生产省力栽培技术常常基肥施用量占全年总施肥量的70%左右,以避免1年多次追肥。

②萌芽肥:目的是促进春梢萌发和生长良好,多形成有叶结果枝,为当年结果和抽生翌年的结果母枝打下基础。一般在2月中旬至3月上旬春梢萌发前15~20天施用。延迟施对抽梢、开花不能及时发挥作用。常以速效氮肥为主,占全年用量的1/3~1/4。配合施用适量绿肥。春季干旱时,应结合灌水或增加腐熟的人、畜粪水。

③稳果肥:补充植株开花所消耗的大量营养物质及满足幼果细胞旺盛分裂、根系生长对养分的需求。一般在5月中下旬至6月中下旬施用,以速效氮肥和钾肥为主。为避免施氮过量促发夏梢引起大量落果,一般叶面喷0.3%~0.5%尿素和磷酸氢二钾,防止过多的夏梢抽发而加重生理落果。

④壮果肥:目的是满足果实迅速膨大对养分的需求,促发早秋梢。一般在7月上中旬生理落果停止后施用,可沟施速效肥(如腐熟的饼肥),结合施磷、钾肥。注意防止氮肥施用过多,导致晚秋梢抽发、延迟果实成熟、果实着色不良、粗皮等。在干旱地区要结合灌水。

⑤采果肥：目的是补充树体营养，恢复树势，促使花芽分化良好；增强树体抗寒性。采前20天施用效果较好，可与基肥结合施，也可先施。早熟品种或挂果少的树可不施采果肥。

2. 肥料种类及选择 柑橘栽培中，按照肥料的形态和施用量一般将肥料分为有机肥、无机肥和微肥。有机肥俗称农家肥。包括动物性与植物性的有机物，其种类多、来源广、数量大。一般不易溶于水，肥效迟缓，养分含量全面、低，对改善土壤结构和理化状况及促进微生物繁育、活动有良好的作用。包括人粪尿、厩肥、绿肥、饼肥、堆肥、骨粉等。绿肥可采取覆盖或直接压青的方法，人粪尿肥分含量高、肥效高又快，以腐熟或稀释后施为宜。厩肥含丰富的有机质和多种矿质养分，分解慢、肥效长，腐熟后可与无机肥混施。饼肥养分全面、丰富，肥效持久，可与其他有机肥堆沤腐熟后施用。草木灰含钾量高，属碱性速效肥料，可配合其他有机肥施用。无机肥又称化学肥料、矿质肥料。养分含量高，成分单一，一般溶于水，肥效快，但不能持久，常用于追肥。常用的无机肥料有以下几种：①氮肥。使用较多的为尿素和碳酸氢铵、硝酸铵等。②磷肥。使用较多的为过磷酸钙。③钾肥。常用的有硫酸钾、氯化钾，二者均为酸性肥料，酸性土硫酸钾可与石灰配合；氯化钾不宜多施，以防氯离子累积。④复合肥料。如磷酸二氢钾、硝酸钾、磷酸二氢铵、钙镁磷肥等。微肥指微量元素肥料（如硼肥、铁肥等），对调节植株生长发育有重要影响。柑橘园施肥应有机肥和无机肥结合，迟效肥与速效肥结合，大量元素与微量元素结合，且以有机肥为主，辅以化学肥料。

3. 施肥量的确定 确定施肥量时须考虑不同品种的需肥特性、树龄、结果量、土壤肥力和气候条件、肥料种类和农业技术（如灌溉技术）、覆盖等。确定施肥量常用以下几种方法。

（1）*参考当地丰产果园的施肥量* 对当地植株长势良好、丰产、优质果园施肥量及肥料配方进行调查、对比与分析，总结既能保证树势，又能获得优质、高产、安全的施肥量。

(2)田间肥料试验　获得的结果比较可靠。如日本通过试验，推荐每667平方米温州蜜柑园施纯氮量为10~15千克较好。在我国，盛果期温州蜜柑氮、磷、钾之比以5:3:4为宜。

(3)按结果量来确定　如在日本，每生产1吨温州蜜柑果实施纯氮6千克左右较好；美国佛罗里达州每生产1吨甜橙施纯氮4~4.5千克、生产1吨葡萄柚约施纯氮4.5千克，该州每年施氮肥3次，同时配合磷、钾、镁及微肥。在我国一些产区，总结出：1千克厩肥“换”0.5千克果实、1千克禽粪“换”3千克果实、1千克饼肥“换”5千克果实、1千克复合肥“换”15千克果实、1千克尿素+4千克过磷酸钙+0.8千克氯化钾“换”40~50千克果实。

(4)营养诊断法　根据叶片分析、土壤分析结果配方施肥是一种较科学地判断施肥量的方法，是现代农业施肥技术的发展方向。

(5)理论推算法　根据柑橘树体每年从土壤中吸收的各种元素的量，扣除土壤中各元素天然供应量，再除以肥料的利用率，得出施肥数量。其公式如下：

施肥量=(吸收量-土壤肥料供应量)/肥料利用率

4. 施肥方法　对提高土壤肥效和肥料利用率有很大关系。主要有土壤施肥、灌溉施肥、根外追肥等。生产上以土壤施肥为主，结合根外追肥。

(1)土壤施肥　即将肥料直接填埋入土壤中的方法。施肥的深度依不同种类、品种根系密集层分布的深度而定。施肥的位置一般在树冠周缘以内及附近。一般春、夏季浅施，秋、冬季深施；有机肥深施，氮肥浅施，磷、钾肥移动性差可稍深。磷在土壤中易被固定，宜与有机肥混合腐熟施用。现在生产上常用的施肥方法有：环状施肥、放射沟施肥、条沟施肥、全园施肥和灌溉式施肥等。柑橘生产发达国家以灌溉式施肥方法为主，即将肥料溶于水中，通过灌溉系统施肥。其优点是节约用水，用肥少且省力，肥料利用率高,养分分布均匀,不伤根、叶,有利于土壤团粒结构的保持等。但是,滴、喷灌一次性投资较大,对水质要求较高,且田间管道应注意保护,防止损坏。

(2)根外追肥　又称叶面施肥。常用于根外追肥的肥料种类有尿素(0.3%～0.5%)、磷酸二氢钾(0.2%～0.3%)、硫酸镁(0.2%～0.3%)、硼砂(0.3%～0.5%)和硫酸亚铁(0.1%～0.5%)等。为防高温、低湿气候影响根外追肥的效果,最好在18℃～25℃温度条件下施用,湿度应稍偏高。根外追肥可与保花、保果及病虫害防治相结合。

5. 营养诊断及配方施肥

(1)营养诊断　目的是对柑橘植株的营养水平和施肥标准进行综合评定,有利于科学合理施肥,提高柑橘园经济效益。柑橘营养诊断技术主要包括形态诊断、土壤诊断和叶片分析技术。

①形态诊断:是通过辨别柑橘植株器官主要是叶片表现出的可见症状,做出某些营养元素缺乏或过剩的分析,是一种简便、实用的诊断方法,但由于受环境或气候、病虫害等诸多因素的影响,只有经验丰富的技术人员才能较准确地判断,须与叶片分析和土壤诊断相结合。

②土壤诊断:是对柑橘园土壤养分的丰缺进行分析,是树体营养诊断的重要辅助手段。土壤诊断需注意分析土样的代表性。

③叶片分析:是柑橘植株营养诊断的重要手段,能较准确反映植株的营养状况。叶片营养分析样叶通常选当年生营养性春梢4～7月龄的叶片,以8～9月份采样为宜。

(2)配方施肥　是根据土壤与叶片养分分析结果及作物需肥规律、土壤供肥性能与肥料效应,在以有机肥为基础的条件下,产前提出氮、磷、钾和微肥的适宜用量和比例以及施肥方法,并据此进行施肥的技术。据几年来的试验、示范资料统计,实行配方施肥,各种作物增产幅度一般在8%～15%,每667平方米可增加纯收入 10～15 元，并节省化肥 10%，经济作物增产效果更为明显。配方施肥不仅有调控营养的作用，还有防治病害、提高农产品品质、保护环境的作用。

6. 把好安全施肥关　施肥是保证柑橘植株正常生长、发育的重要技术环节，但施肥方法、施肥量掌握不当也会危及柑橘植株的生长、产量和结果寿命（即产生肥害）。肥害一般是指因施肥不当使树体发生灼伤及损害，不仅损害树体，也会因此给当年及以后的产量带来损失。

（1）常见的肥害　在深翻土壤和深开沟施肥时，有机肥的肥块过大或有机肥施用过于集中，或有机肥没有经过发酵腐熟，造成烧灼树根；过多、过量或过于集中地施用尿素、硝酸钾、硫酸铵、碳酸氢铵等速效化肥，造成灼烧树根；根外追肥时，肥液浓度过高，致使叶片焦灼、干枯；长期施肥品种不当，加深了土壤的酸化或碱化，因土壤溶液过高的酸、碱性而伤根；土壤有机质少，土壤黏而过于板结，施入的化肥不易很快散开，肥料局部浓度过高而伤根；使用了不合格的肥料易发生肥害；过多、过量施用含氯离子的化肥也易发生肥害；过多使用动物（特别是用饲料饲喂的动物）粪便作为沼气原料，导致沼气肥含重金属离子超标而发生肥害。

（2）预防的方法　对因土壤深翻、深开沟施用有机肥可能发生的肥害，可以采取调制细粪，均匀施肥，粪土拌匀，施肥后浇水等方法预防；对因施化肥可能发生的肥害，要采取因土壤的性质而采用合理的肥料品种，平衡施肥，控制化肥用量，每次施量要少，掌握“少量多次”的原则，多开沟、开宽沟并均匀撒施和随水施入等方法预防；对因根外施肥可能引起的肥害，要选择安全的肥料种类，严格掌握使用浓度（一般为 0.3%～0.5%）和使用时期、时间，避免高温时喷洒等方法预防；对因土壤过于板结可能引起的肥害，要通过深翻地、增施有机肥、秸秆还田等方法预防。严禁购买和使用伪劣假冒化肥。施肥时，为了节省工时，通常将不同的肥料混合施用，同时满足柑橘生长发育对营养元素的全面需求,但要注意肥料的混合不要产生互减效应。不要过多使用含氯离子的肥料,对沼气原料特别是动物粪便来源进行分析,不要过多使用饲料饲喂的动物粪便。

三、柑橘园的水分管理

(一)水分对柑橘生长发育的影响

水分是植物生命活动不可缺少的重要物质,它是植株、果实构成的主要成分,还能调节树体温度和植株生长发育环境。柑橘是常绿果树,周年生长,对水分的需要量较多,对水分含量比较敏感。缺水造成萎蔫,影响根系生长,不发须根。水分过多或湿度过大,会造成烂根或脚腐病,严重时会造成植株死亡。在大量新生器官生长的春季,春梢抽发、新叶生长、花蕾发育、开花坐果、新根发生等都需要充足的水分供应,若遇春旱,春梢萌发推迟,抽梢细弱,花期推迟,开花不整齐,甚至造成大量落蕾落花,影响坐果与产量,这段时期是柑橘年发育周期中对缺水最敏感的时期,称需水临界期。在7~10月份是果实生长高峰,对养分与水分需求增加,若遇高温伏旱,常导致果实生长缓慢或停止,还会影响秋梢的抽生。但久旱骤雨又会引起裂果。采果前20天适度干旱有利于果实品质的提高,而雨水较多则使果实成熟期延迟,浮皮果增多。冬季干旱易受寒害。柑橘不同砧木耐旱能力不同,如枳壳对干旱较敏感,而粗柠檬等相对较耐旱。

(二)水分的管理措施

1. 适宜灌水方式及相应设施建设 常用灌溉方法有沟灌、浇灌、喷灌、滴灌、低位雾状喷灌等。

(1)沟灌　利用自然水源或水泵提水,开沟引水灌溉。这种方法适于平坝及丘陵台地柑橘园。在柑橘树行间开一大沟,沿树冠滴水线开环状沟,水从大沟流入环状沟,逐株灌溉,比较费水。

(2)浇灌　在水源不足或幼龄柑橘园或零星栽培的柑橘树,可以挑水或引水用塑管浇灌。浇灌方法简便,但费时费工,劳动强度大。

(3)喷灌　利用增压设备或水体自然落差为动力,通过管道输送至特定设置的喷头将水呈雾状散至空中,形成细小水滴来灌溉果园的技术措施。喷灌省水、保土、调节柑橘园小气候,节省劳力和土地。喷灌有固定式、半固定式和移动式。前期投资较大,但灌溉效果好,可结合进行病虫害防治。

(4)滴灌　将增压的水通过水泵、过滤器、管径不同的管道和毛管滴头,将水一滴一滴地滴入柑橘根系范围土层,使土层保持根系适宜生长的湿润状态。滴灌的优点是节水,不使土壤板结和不破坏土壤结构,同时还可结合施肥,并且省工;但成本高,管道与滴头易堵,小气候调节作用不明显。

(5)低位雾状喷灌　结合了喷灌与滴灌的优点,是柑橘园较适用的灌溉方式,与喷灌相似,水以雾状喷出,缓慢均匀地湿润根系;但安装位置、喷水量及喷头又近似滴灌。雾状喷头有安装在树盘周围的,也有捆绑在植株枝、干上的,每树安装多少喷头,应依树体大小和雾状喷头可喷范围而定。

2. 灌水时期及灌水量　正确的灌水时期,不是植株已显露出缺水状态(如叶片卷曲、果实皱缩),而是在果树未受到胁迫影响之前进行,否则会对树体生长发育造成损害。

(1)灌水时期

①根据果树物候期:一是发芽前后到开花期遇春旱灌水。二是幼果膨大期是果树需水临界期,对水分和养分敏感;但此时在南方是梅雨季节,要控制灌水量。三是果实迅速膨大期,遇干旱要及

时灌水。四是采果后灌水有利于越冬。

②根据土壤含水量：土壤田间持水量低于60%时需灌水。国外常用水分张力计指导灌水。

(2)灌水量　根据叶片蒸腾速率、土壤含水量、果径日变化指数来指导灌水：①当叶片蒸腾量减少到充分供水蒸腾量的2/3时，说明需要灌水。②土壤含水量=(湿土重－烘干后土重)/烘干土重×100%。对于壤质土，含水量低于15%时，需要灌水；大于42%时，则需要排水。③夏季干旱期间，当蒸腾量降至正常蒸腾量的1/2左右时，果实即停止发育，此时为果实膨大临界灌水期。

3. 节水灌溉方式与节水途径　近年来，随着人口增加、经济发展和城市化水平的提高，水资源供需矛盾日益尖锐，农业干旱缺水和水资源短缺已成为我国经济和社会发展的重要制约因素，而且加剧了生态环境的恶化。我国灌溉水利用率约为43%，发达国家灌溉水利用率为70%～80%。采取节水灌溉技术是我国当前农业生产的一项重要推广技术。节水灌溉即在充分利用降水和土壤水的前提下高效利用灌溉用水，最大限度地满足作物需水，以获取农业生产的最佳经济效益、社会效益、生态环境效益。

(1)节水灌溉方式　灌溉用水从水源到田间，到被作物吸收、形成产量，主要包括水资源调配、输配水、田间灌水和作物吸收等4个环节。在各个环节采取相应的节水措施，组成一个完整的节水灌溉技术体系，包括水资源优化调配技术、节水灌溉工程技术、农艺及生物节水技术和节水管理技术。其中节水灌溉工程技术是该技术体系的核心，已相对成熟并得到普及，其他技术相对薄弱，急需加强研究开发和推广应用。

(2)节水途径

①灌溉水资源优化调配：主要包括地表水与地下水联合调度技术、灌溉回归水利用技术、多水源综合利用技术、雨洪利用技术。

②减少输水损失，进行灌区渠系改造：主要包括渠道防渗技

术、管道输水技术、喷灌技术、微灌技术。直接目的是减少输配水过程的跑漏损失和田间灌水过程的深层渗漏损失，提高灌溉效率。渠道防渗技术：采用混凝土护面、浆砌石衬砌、塑料薄膜等多种方法进行防渗处理，与土渠相比，渠道防渗可减少渗漏损失60%～90%，并加快了输水速度。管道输水技术：用塑料或混凝土等管道输水代替土渠输水，可大大减少输水过程中的渗漏和蒸发损失，输配水的利用率可达到95%。另外还能有效提高输水速度，减少渠道占地。

③充分蓄集和合理利用当地水资源，发展就地灌溉：我国柑橘产区主要建在山地、丘陵地区，可以利用南方降水量大的特点，在橘园修建蓄水池，可以利用自然高度差形成的压力灌溉进行抗旱、喷药及施肥。

④提高田间用水效率，推行先进的地面节水灌溉技术：如分小区灌溉技术、间歇式重复灌溉技术。

⑤采取农艺及生物节水技术和节水灌溉管理技术：农艺及生物节水技术包括整修规范梯田、橘园生草、覆盖保墒技术，优选抗旱品种、土壤保水剂及作物蒸腾调控技术。节水灌溉管理技术包括灌溉用水管理自动信息系统、输配水自动测量及监控技术、土壤墒情自动监测技术、节水灌溉制度等，这方面的技术我国总体上还比较薄弱。节水灌溉技术的发展方向是地下滴灌、“3S”技术应用、生物节水技术、土壤墒情自动监测、低耗能大型自动喷灌机。

4. 蓄水保墒方法　灌溉技术是我国柑橘产业与发达国家相比差距最为明显的栽培技术。但我国技术人员和果农也摸索出了一些效果明显的方法，使果园的水分供应能力明显提高，大大降低了果园的水土流失情况。这些方法是：①等高修筑梯田，培出边埂与挖出内沟。定植前挖槽深翻，定植槽施足有机肥。②树盘雨季光洁、旱季覆盖，行间种三叶草、豌豆等浅根性植物，梯壁种百喜草、苜蓿等根系稍深的草被。③营造防风林，减少果园水分蒸发。

④培肥土力,改善土壤结构,提高土壤保水能力。⑤衰老树、幼树用石灰水涂白树干,对减少水分蒸发有一定效果。⑥合理修剪,形成合理树形,防止树干光秃。⑦修建蓄水池蓄集雨水,利用山体高差所形成的水体落差结合低位喷灌技术进行灌溉。

5. 防渍排水 在柑橘园规划中建设灌溉系统,同时须配套建设排水系统。我国绝大多数柑橘产区采用排灌兼蓄的水利系统,山地果园主要采取自流排水。排水系统包括明沟排水与暗沟排水,或在地势低洼地方挖深槽。现代柑橘产业推广的深沟高畦或抬高栽培技术可起到明显的防渍排水功能。进行土壤水分测定,是确定排水时间较准确的方法。各种土壤的最大持水量不同,如沙土为30%、砂壤土为37%、壤土为52%、黏壤土为60%、黏土为71%。我国南方地区的平地果园或低洼地果园,在梅雨季节要注意排水。山地果园自流排水易造成水土流失,要结合蓄水保墒技术合理规划果园排水系统。

思考题

1. 丰产、优质果园建设对土壤有哪些要求?
2. 如何形成适合柑橘生长发育的良好土壤类型?
3. 科学施肥和灌溉的技术包括哪些环节?
4. 涝害对柑橘植株有哪些危害?

第七章　柑橘整形修剪技术

柑橘树形与树体结构与丰产、优质有着密切的关系，整形修剪是形成良好树形和树体结构的重要技术环节。整形是根据不同种类、品种的生物学特性、生长结果习性，通过修剪及应用相应的栽培技术措施，把幼树培育成一个有较大光合面积、能负担较高产量、便于管理的合理树体结构。修剪是为了控制树体枝梢数量、方位及生长势，对树体直接采用剪枝及类似的外科手术的总称。从广义上讲，整形是修剪的一部分。整形修剪能协调树体各器官间特别是营养生长与生殖生长的动态平衡、调节树体与环境条件的关系，以形成最适宜生长和结果的树体结构，以达到提高光合效能、产量，防止大小年结果，同时达到复壮树势、延长柑橘果树寿命、增加效益的目的。整形修剪是柑橘生产中一项重要的技术措施。

一、适宜的树形

柑橘的主干高度一般以 25 ~ 35 厘米为宜。常见树形有以下几种，分述如下。

（一）自然圆头形

是柑橘常见树形。较适合柑橘的自然生长特性，修剪量少，整形容易，成形快，进入结果期较早。一般由主干上着生的 3 ~ 5 条均匀分布的主枝构成树冠骨架，无明显的中央领导干，在主枝上再分生副主枝、侧枝、枝组等，构成上大下小、枝梢分布合理、树冠紧凑的树形。结果早、丰产。但丰产后易使树冠内部光照不足，导致绿叶层变薄，易出现大小年结果和过早衰退。须适时剪去顶上部中心大枝，疏剪部分外围密枝，改善树冠内部光照，增加内膛结果部位，延长结果年限。

自然圆头形适用于甜橙、柚、柠檬等品种。

(二)自然开心形

自然开心形符合柑橘丛生习性，骨干枝少，一般由均匀分布的3条主枝向不同方向挺直开展，其上着生主枝与副主枝等，只形成一层绿叶层。树冠表面多凹凸，阳光能照到树冠内部。修剪量小，成形快。全树叶片多，进入结果期早，果实发育好、品质优。丰产后修剪量小。此树形的缺点是树冠内外直射光强，容易造成枝干和果实日灼。由于树冠开张，密植后容易过早封行、郁闭，同时树冠内膛枝容易徒长。

自然开心形适合生长较弱、树冠开张的甜橙品种和早熟、特早熟温州蜜柑及本地早等品种。

(三)变则主干形

变则主干形具有较明显的中心主干，适应一些生长势强和顶端优势明显的品种。变则主干形树冠高大，有效体积大，主枝分布均匀，疏密合理，通风透光良好，产量较高。但树体对风害抵抗能力差，采果、修剪及喷药等管理不太方便。

变则主干形适应一些生长势较强的柑橘品种如甜橙、柚及柠檬等。

(四)多主枝丛生形

主枝、副主枝较多，直立或斜生呈放射状生长。副主枝、侧枝长势较弱，树形紧凑直立。其缺点是主枝太多，树冠内部易出现荫蔽而不结果，枝梢较易衰弱，寿命较短。

多主枝丛生形适用于椪柑、金柑等丛生性较强的品种。

(五)篱壁形

使用修剪机械于行间进行非选择性侧剪和顶剪形成篱壁形的树冠。在气候较为干燥的柑橘产区应用较多,如美国加州、地中海沿岸部分产区等。主要是解决了密植与光照、操作之间的矛盾。像我国柑橘产区湿度较大,不适宜这种树形。篱壁形修剪较为简单、省力,但易造成营养生长与生殖生长的矛盾。

二、整形修剪的原则

(一)整形的原则

1. 因地制宜　柑橘植株在不同气候条件、立地(环境)条件下生长发育有所差异。如热量丰富的南亚热带产区,柑橘植株 1 年可抽 4 次梢,中亚热带产区通常 1 年抽 3 次梢,北亚热带产区通常 1 年抽 2～3 次梢。南亚热带较中亚热带和北亚热带形成树冠快,为避免树冠内膛荫蔽,宜采用开张树形。又如高湿而土层深厚的土地,宜用高干树形;而土层薄,密植园宜用矮干树形。

2. 因树整形　砧木、品种不同,采用的树形也不同。对乔化砧和生长强旺的品种,要培养成较高大的树形;对矮化砧和生长弱的品种,要培养成较矮冠树形。不同种类、品种的柑橘可整形成不同的树形。如甜橙、柚类和某些干性强的宽皮柑橘宜培养成自然圆头形或变则主干形;特早熟、早熟和中熟温州蜜柑及部分干性不强的其他宽皮柑橘宜采用自然开心形;丛生性较强的金柑、椪柑和梢多直立的品种宜采用矮干多主枝形。

(二)修剪的原则

1. 要根据柑橘的种类、品种和砧木的特性修剪 如椪柑、红橘、甜橙等,干性较强,层性较明显,易形成主干形或变则主干形;温州蜜柑、脐橙干性较弱,层性不明显,易形成自然开心形或自然圆头形。枳砧比红橘砧树势弱,修剪量相对宜强。

2. 要充分利用光源 柑橘树冠各部分受光量与抽生新叶量关系密切,光照强度不足,开花量和坐果率会降低。修剪要尽可能保留叶片,减少无用枝,做到抽密留稀、上稀下密、外稀内密,使整个树冠"大枝少、小枝多、内膛充实、外围稀疏、分布均匀"。这样的树冠每个部分光照充足,能上下内外立体结果。

3. 要针对树龄、树势修剪 结果幼树宜轻剪;复壮的树应短缩衰退枝,疏除密、弱枝群,适当重剪。幼树多用摘心和抹芽放梢技术轻剪。

4. 要层次分明,主从有别 对一株树、一个主枝或一个枝组,都要做到主从分明、结构合理、上下有层次、长势平衡,使各级枝能在所占据的空间均匀延伸,全树长势处于中庸状态,从而保持产量稳定、经济寿命适当延长。

三、整形修剪的方法

(一)一般方法

1. 短截 将一年生枝剪去一部分的修剪方式叫短截。短截易刺激剪口芽以下 2~3 个芽萌发健壮枝梢,同时通过对剪口芽方位的选择,可以调节未来大枝或侧枝的方位和强弱。短截包括重度短截、中度短截、轻度短截。修剪整个枝条的 2/3 以上叫重度短截。重度短截抽发的新梢较少,但长势和成枝力均强。剪去整个枝条1/2左右的叫中度短截,中度短截留下的饱满芽较多,萌发新梢量中等。剪去的部分不足整个枝条1/3的为轻度短截,其抽生的新梢较多,枝梢生长势和生长量较弱。整形中的短截应根据树形、树势采取不同程度的短截处理。

2. 疏枝　对一、二年生的枝条从基部全部疏除称疏枝。疏枝多用于剪除过多的密枝、弱枝、丛生枝、病虫枝和徒长枝。由于疏枝减少了枝梢数量,改善了留树枝梢的光照条件和营养供应,能促进枝梢生长健壮、植株丰产稳产。疏除强枝能平衡树势。

3. 摘心　在新梢停止生长前,按整形要求的长度,摘除新梢先端部分,并保留需要的长度,称摘心。摘心的作用与短截相似,能限制新梢伸长生长,促进枝梢增粗生长和充实。摘心后的新梢,先端芽成熟后具有顶端优势,可抽生健壮分枝,并降低其分枝高度。

4. 拉枝　幼树整形期可采用绳索牵引拉枝,用竹竿、木杆支撑和石头等重物吊枝等方法,将植株主枝、副主枝、侧枝等改变生长方向和长势,以适应整形对方位角和大枝夹角的要求,进而调节骨干枝的分布和长势。拉枝是柑橘幼树整形中培育骨干枝、侧枝等常用的有效方法。

5. 刻伤　即在春季芽萌动前,于主干的适当部位,选择一个芽,于芽的上方横刻一刀,深达木质部。刻伤主要是促进隐芽萌发填补树冠空膛。

6. 回缩　剪除多年生枝组的一部分叫回缩。常用于大枝顶端衰退或树冠外密内空的成年树和衰老树更新修剪。密植柑橘园封行交接后也常用回缩修剪,以保持行间、株间的距离,防止果园荫蔽。通过回缩大枝,可以改善树冠内部光照条件,促进抽枝发新梢,充实内膛,增加结果量。回缩反应常与大枝的长势以及剪口处留下的剪口枝的强弱有关。回缩越重,剪口枝的萌发力和生长量越强,大枝更新效果越明显。

7. 抹芽 即将嫩芽抹除。抹芽的作用和疏枝相似。柑橘植株主要是抹除过多、过密的春梢及控制夏梢、促早秋梢。

8. 环割和环剥 将枝梢的韧皮部用小刀割断,深达木质部,但不刻伤木质部称环割,现在以螺旋状环割技术运用较多。其作用是阻止叶片制造的有机养分向下运输,主要用于促进花芽分化(9月中旬环割)与提高坐果率(花前1周环割)。环割忌在一株树上频繁使用,不宜在主干上环割。环剥即环状剥皮,是用刀在枝上按不同宽度环切2圈,切断树皮韧皮部,并将两圈间的皮层剥去。一般柑橘树枝采用环割而不采用环剥。

9. 断根 挖开树盘下的土层,切断部分1~2厘米粗的大根和侧根,削平断口,施肥、覆土叫断根。断根能减少根系吸收能力而限制地上部的生长势,以利于开花结果。断根主要用于不能结果和生长旺盛的强树,也可用于根系衰老树,主要结合施肥进行。

10. 扭梢和拿枝 将新抽生的直立枝、竞争枝和向内生长的临时性枝条,自基部3~5厘米处用手指捏紧,旋转180°,称扭梢。用手将枝条从基部至顶部逐步强行弯折1~2次,称拿枝。扭梢和拿枝使枝梢的皮层和木质部的疏导组织受到损伤,起到缓和强枝生长势、促进花芽分化的作用。开花结果后对没有价值的枝梢可疏除。扭梢和拿枝应在新梢半木质化时进行。处理过早,叶片未充分成熟,不利于花芽分化;处理过晚,枝条脆硬,容易折断。目前由于农村劳动力的大规模转移,柑橘园劳动者日趋老龄化,劳动力成本逐年增加,柑橘价格徘徊不前。我国部分柑橘产区开始推广简化柑橘修剪技术,提出了"疏果不如疏枝"的做法,既省力又省钱。通过采用简化修剪技术,去除直立性枝条,使树冠降低成自然开心形,既省工又改善通风透光条件、减少病虫害、提高果实品质。

(二)不同类型树的修剪

柑橘果树还可按树龄分为幼树、初结果树、盛果树和衰老树的修剪及密闭柑橘园的改造。修剪要点如下。

1. 幼树的修剪　柑橘苗定植后到投产前的树叫幼树。幼树的特点是生长旺盛,以扩大树冠、培养骨干枝、增加树冠枝叶为主。所以,幼树仅在整形的基础上,适当进行修剪,主要是对主枝和副主枝的延长枝进行短截和疏剪,修剪宜轻,尽可能多的保留枝梢作为辅养枝。投产前1年进行抹芽放梢,培育秋梢结果母枝,促进花芽分化,使之提早结果。具体修剪技术如下。

(1)疏剪无用枝梢　剪除病虫枝和扰乱树形的徒长枝,适量疏除少量密弱枝,以减少病虫害传播和集中养分让树体骨架枝生长。

(2)夏秋长梢摘心或抹芽放梢　幼树利用夏秋梢培育骨干枝,加速树冠扩大。对生长过长的夏秋梢在基部8~10片叶处摘心,以促其增粗、充实,增加分枝。但投产前1年放出的秋梢母枝不能摘心,以免减少翌年的花量。摘心对幼年树易徒长的温州蜜柑、柠檬、椪柑等作用明显。抹除夏秋梢的嫩芽时也会刺激侧芽的萌发,有利于增加分枝。

(3)疏除花蕾　幼树树冠弱小,营养累积不足,过早开花结果会抑制树体生长扩大,会导致未老先衰。故对计划投产前抽生的花蕾应及早摘除,以补充树体营养。

2. 初结果树的修剪　植株始果至盛果期前(定植3~10年)的树为初结果树。生长势较强,修剪反应明显,宜以轻剪为主,主要是及时回缩衰退枝组、防止枝梢过早衰退、培育良好的结果母枝。随着树龄增大、产量增加,修剪量也逐年加大。

(1)抹芽放梢或摘心　一方面是抹除夏梢,提高初结果树的坐果率;另一方面是适时放梢,培育良好的结果母枝。

(2)短截延长枝　早期结合树形培育,对延长枝进行短截,直到树冠扩大到计划大小为止,其后注意更新修剪和副主枝、侧枝的配置。

(3)短截结果枝和落花落果枝　结果枝和落花落果枝如不修

剪,则翌年多抽生一些细弱枝而衰退。常在冬季将其短截 1/3～1/2。强枝少短截,弱枝重短截或疏除,使翌年抽生强壮的春梢,进而继续抽生夏、秋梢,并形成良好的结果母枝。

(4)枝组轮换压缩修剪　对已结果的枝组与夏秋梢结果母枝从基部重回缩修剪。也可在春季萌芽时短截留下基部一段,使其只抽生营养枝,对其余的结果枝或结果较少的枝组不加修剪,这种交替压缩,可保持年年均匀开花结果,达到丰产稳产的目的。

(5)夏秋梢结果母枝的处理　当植株抽生较多的夏秋梢首先造成当年果、梢矛盾,同时使翌年花量大,易形成大小年结果。冬季修剪时应短截 1/3 数量的强夏秋梢,保留春段或基部 2～3 个芽,让其抽生预备枝,保留约 1/3 数量生长中等的夏秋梢作为结果母枝,促进开花结果。疏剪去约 1/3 数量较弱的夏秋梢,减少结果母枝数量。

(6)环割、断根、控水促花　生长旺盛的初结果树,成花少或翌年花量少的树,可进行大枝或侧枝环割或进行断根、控水处理,以促进花芽分化,增加翌年花量。

3. 盛果期树的修剪　盛果期树体营养生长和生殖生长趋于平衡,树冠上下、内外都能结果,产量逐年增加。进入盛果期持续一段时间后树势开始转弱,结果母枝以秋梢为主。枝组大量结果后也逐渐衰退,且易形成大小年。盛果期树修剪的主要目的是及时更新枝组,培育结果母枝,保持营养枝和花枝的平衡,以延长丰产年限。

(1)疏剪郁闭大枝　进入盛果期后树冠外围大枝较密,可适当疏除二、三年生大枝,以改善内膛光照条件。树冠内部纤弱枝多的应疏去部分弱枝,短截部分壮枝。

(2)枝组轮换压缩修剪　植株进入盛果期后结果枝组易衰退,每年应选 1/3 左右的结果枝组或夏秋梢的结果母枝从基部短截,剪口保留一个当年生枝,并进行中度短截,使之抽生较强的春梢和夏秋梢,形成强壮的更新枝组。也可在春梢萌动时,选枝组或夏秋梢结果母枝基部短截回缩,使剪口下部抽生多量的春梢,其中较强的1~3个春梢营养枝也会陆续抽生夏秋梢,使枝组得到更新,经过3~4年即开花结果,结果后再回缩。每年轮流回缩和促生一批枝组结果,即可使树冠紧凑而缓慢地扩大。

(3)抹芽放梢或摘心　春夏梢抽生较长的,留8~10片叶摘心,促发秋梢。夏梢萌动时进行抹芽放梢,反复抹除嫩芽,至7月中下旬停抹,使抽发大量短壮秋梢。经疏除调整过密和位置不当的嫩梢,这批梢即可成为翌年优良的结果母枝。

(4)结果枝群的修剪　采果后对于一些分枝较多的结果枝群,适当疏剪弱枝,并缩剪先端衰退部分。枝群较健壮的,只缩剪先端和下垂衰弱分枝。已衰退的、纤弱无结果价值的枝组,可缩剪至有健壮分枝处。所有剪口枝的延长枝均应短剪,使其不开花,只抽生营养枝,以利于更新复壮枝群。

(5)辅养枝和下垂枝的修剪　树冠扩大后树冠内部、下部的辅养枝光照不足,结果后枝条长势衰弱,可逐年剪除或更新。结果枝群的下垂枝结果后下垂部分长势易衰弱,可逐年剪去下垂部分,抬高枝群位置,直至自基部剪除。

4. 衰老树的修剪　由于栽植过密、病虫危害、管理不良或随树龄增大而衰老的树,发枝力差,结果少。这类树只要加强肥水管理,防治病虫害,进行更新修剪,促进隐芽萌发新梢,即能恢复树势和获得一定的产量。若树龄过大(如超过30年),且树势很衰,则更新效果较差。衰老树修剪以春季萌芽前后进行为宜。

(1)轮换更新　轮换更新,又称局部更新。即保留尚能结果的健壮枝组或轻剪,对结果很少或不结果的衰弱枝组进行重截更新,利用隐芽抽发新梢。在轮换更新期间,尚有一定产量,且因彼此互相遮荫,不易遭受日灼等。

(2)骨干枝更新　又称露骨更新或中度更新。对很少结果或不结果的衰老树，将二、三年生以下的侧枝从分枝点以上全部剪除，并删除交叉重叠枝。骨干枝基部保留。

（3）主枝更新　又称重度更新。衰老较严重的树或分枝较高的树，可采取主枝更新。修剪多自地面 80～100 厘米处，即 3～5 级骨干枝回缩，使之重新抽生新梢，形成新树冠。回缩后通常要 2～3 年才能恢复树冠，并开始结果。主枝更新时可结合密改稀及树形整理如变则主干形则改造成开心形等。若骨干枝太多，可疏除一些，剪口要平，且涂蜡保护。老树更新后要加强栽培管理环节。一要加强肥水管理。在更新前 1 年及更新期间，保持适度的肥水供应，同时结合土壤的深翻，对根系进行更新；地面进行覆盖，以保持土壤一定的湿度。二是防晒。树冠更新后损失大量枝叶，骨干枝及主枝极易发生日灼，各级骨干枝及树干应涂白，剪口要修平、使之光滑，并涂以防腐剂。三是抹芽放梢、摘心、引缚。更新后往往萌发大量新梢，除需要保留的以外，及时抹除多余的枝梢。生长过强或带有徒长形的枝梢要摘心。作为骨干延长枝的，要保持其长势，用小竹竿引缚，以防折断。

5. 密闭柑橘园的改造

（1）树冠荫蔽树的修剪　宜做主枝更新或疏除过密、遮荫大枝。其修剪要点：一是疏顶部密枝。将树冠上中部过密遮荫的强枝疏除一部分，或缩剪中央主干，改善内膛光照条件，促生新梢。二是冬剪时短截部分一年生枝，促发营养枝，以扩大树冠绿叶层。

（2）计划密植园树的修剪　以间伐为主，结合树体修剪技术进行整形修剪。修剪要点：首先是区分永久树和非永久树，对幼龄园控制非永久树的树冠生长，对盛果期柑橘园可挖除或移栽非永久树。

思考题

1. 幼树整形的原则与方法是什么？
2. 盛果期植株的主要修剪原则与方法有哪些？

第八章　柑橘花果管理技术

柑橘花果管理技术是实现高产、优质、高效的关键，包括促进花芽分化、疏花疏果、保花保果及果实品质形成等几个相互关联的技术环节。

一、促进花芽分化

（一）花芽分化的概念

花芽的分化形成是结果的先决条件。花芽分化是指叶芽的生理和组织状态向花芽的生理和组织状态转化的过程，是植物由营养生长向生殖生长的转折点。花芽分化主要包括两个阶段：一是生理分化即在植物生长点内部发生成花所必需的一系列生理和生物化学的变化；二是形态分化从肉眼识别生长点突起肥大，即花芽分化开始，到花芽的各器官出现，为花芽发育的过程。

（二）影响花芽分化的因素

柑橘花芽分化首先受其自身遗传的影响，种类、品种间在分化时期等方面有些差异。同时还受一些外部因素的影响。

1. 气候条件和适度干旱　在中、北亚热带地区秋、冬季的冷凉气温是柑橘成花的主要诱导因素，在南亚热带地区成花的主因是干旱。广州地区，人们为了在春节观赏到金柑和四季橘的金黄色果实，最常用的技术就是控水调整花期。

2. 营养物质　有利于贮存碳水化合物的栽培技术措施，就有利于促进花芽分化。结果小年，树体积累的糖类多，分化花芽多，翌年为结果大年。环剥或环割、疏果、抹芽控梢等技术能促进分化花芽,都与增加树体内糖类的积累有关。

3. 生长调节剂 在花芽生理分化期喷布赤霉素,会抑制花芽分化。相反,喷布多效唑、矮壮素等拮抗赤霉素的生长调节剂,能明显地促进花芽分化。

(三)促进花芽分化的措施

增加树体营养是促进花芽分化的关键,此外温度、光照、水分、土壤营养等环境因素对花芽分化有重要影响。在花芽分化适宜温度范围内,昼夜温差越大,花芽分化越早。光照条件越好,同化产物积累越多,花芽分化越早。加强土、肥、水管理,可提高花芽质量,促进花器发育正常。使用植物激素,如细胞分裂素对花芽分化有促进作用,生长素可促进成花,脱落酸可诱导某些短日照植物开花,此外酚类、多胺、核酸等也对花芽分化有一定的作用。矿质营养如磷,特别是有机磷在花芽孕育中起着重要作用,在生理分化期前,喷施硼、锌、钼、镁、钙等营养元素,能够促进成花,增加结果母枝的数量。

其他措施如下:①采取综合技术措施(结合肥水管理及修剪技术),培养壮健结果母枝。花芽分化前,保持叶色深绿,如叶色不够绿,即喷叶面肥,用量0.2%磷酸二氢钾加0.5%尿素,增加树体养分积累,提高树液浓度。②环割促花。秋梢老熟后进行主枝或侧枝环割,以提高树液浓度,促进花芽分化。弱树不环割。③适时控水。秋梢转绿后适当控水,防止抽晚秋梢或冬梢。

二、疏花疏果

(一)技术原理

柑橘开花、结果过多,消耗大量的树体养分,不但使果实发育不良、品质差,而且也会影响新梢的抽发、生长和翌年花质、花量,形成大小年结果现象,使树体衰老迅速。生产上常通过疏花疏果技术来控制花果数量,从而减少树体养分的无效消耗,提高坐果率。削弱了果树后期生殖生长和营养生长的矛盾,使树体结果、长树、成花三不误。从而达到稳定树势,丰产稳产,有效地克服了大小年现象,改善了果实的品质。

(二)技术方法

1. 疏花　盛果期植株一般保留靠近结果母枝先端的大型花和有叶花,疏去结果母枝中下部的小型花和无叶花。也有采用局部疏花法,即疏去部分枝条上的全部花,而另一部分枝条上的花不疏。这种方法对衰弱枝和大小年结果树有效。疏花时间多在盛花期进行。

2. 疏果　在生理落果结束时进行。首先疏去畸形果、病虫果、机械伤果、小型果、极大型果和易受日灼的果,再疏去发育不良的幼果。对树势较弱或大小年结果明显的树,可进行局部疏果。即在一株树上,选择几个大枝,将果全部疏除,而另外几个大枝进行一般程度疏果或全部不疏,每年更换大枝轮流结果,以恢复树势。柑橘留果量可以叶果比为标准,早熟温州蜜柑的叶果比为25~30:1,华盛顿脐橙和甜橙的叶果比为50~60:1。为防止树体营养的无效损耗,花果疏除工作要趁早。“疏果不如疏花,疏花不如疏芽”。

3. 疏花疏果的方法　主要采取人工疏花疏果，就是直接通过手工操作来疏除花和果实。由于柑橘花量大，疏花工作一般和修剪相结合。疏果可以人工逐个选择疏除，使树上所留果实均匀分布。人工疏花疏果目的明确、效果好、操作简单，易被果农掌握，较为费时费工。但由于不用化学药剂，符合当前果树无公害生产的要求。化学疏花疏果目前应用还不普遍，果树上常用的化学疏果剂主要有西维因、吲熟酯、多效唑、石硫合剂、萘乙酸、萘乙酸胺、乙烯利等。大面积果园在盛花期喷布1次2500倍液萘乙酸或0.4～0.5波美度石硫合剂，可使开花2～3天的花朵脱落，但已受精和未开放的花则不会受伤害。在花瓣脱落6～16天后喷1000倍液西维因或2500倍液萘乙酸，可使一些瘦小的幼果脱落。化学疏除的好处是省时省工，但缺点是药味会驱走授粉昆虫，影响花朵的授粉受精。使用化学疏果剂应注意的问题包括：①化学疏果的时期及适宜药剂浓度随品种、树势、气候条件而不同，在生产上使用时，应先做试验后推广；②要注意气候条件的变化和影响；③喷施时加展着剂，可增加药效，降低成本；④化学疏果应坚持宁肯疏除不足、不要疏除过头的原则；⑤化学疏果与人工疏果相结合，可大大提高效率。

三、保花保果

柑橘植株存在着开花多、坐果率低的矛盾。像甜橙正常坐果率一般为1%～3%，温州蜜柑为2%～5%。

（一）落花落果的原因

影响柑橘落花落果的因素包括：①花器官发育不完全；②树体肥水管理不到位、营养不良、植株生长异常，如根系受涝害影响可导致萎缩；③花期受到异常气候影响，如花期高温、连续阴雨、大风天气等造成授粉受精不良；④果实生长发育期间遇干旱天气，或晚熟品种果实越冬遇低温天气；⑤植株、果实或花受到病虫害的危害，如果梗炭疽病引起落果、花蕾蛆造成花朵坏死、天牛蛀干影响树体营养运输等。

（二）保花保果的措施

第一，品种适地适栽，改善果园生态环境。如华盛顿脐橙不适宜在湿度高的地区栽培。冬季存在霜冻的地区宜种植早、中熟品种；在低洼地或平地果园注意营造防风林防冷空气沉积或侵袭；山地果园"戴帽"，即山顶植树。

第二，加强柑橘园土肥水管理，提高果园营养水平，促进花器官发育正常是保花保果的重要措施。试验证明，深翻改土、增施基肥、合理追肥、及时排灌、适时中耕除草等措施对提高柑橘植株坐果率、增加产量有显著效果。

第三，合理整形修剪。如控夏梢，避免梢、果矛盾；"开天窗"保证树体通风透光；环割或环剥保证果实的碳水化合物积累等。

第四，促进授粉受精。对一些需授粉受精才能结果的种类或品种（如沙田柚等）采取果园放蜂或人工辅助授粉或高接花枝（在果树品种单一或授粉树配置不足的条件下，为改善授粉条件可在树冠内高接其他授粉品种）等方式提高授粉受精几率。

第五，应用植物生长调节剂和根外追肥。应用生长调节剂可以改变果树内源激素的水平和不同激素间的平衡，提高坐果率。如盛花期后30天喷50～100毫克/升赤霉素（九二〇）可显著提高坐果率。花期喷硼（0.1%）能促进花粉发芽、花粉管生长、子房发育；在生理落果期喷0.3%磷酸二氢钾+0.3%尿素也有助于提高坐果率。

第六，防治病虫害。病虫害常常直接或间接危害花芽、花或幼果，许多病虫害能造成早期落叶，使同化器官遭到损害，从而造成落果。因此,防治病虫害也是一项保花保果的重要措施。

生产实践证明,保花保果技术要综合应用农业栽培措施效果才能更好。

四、提高果实质量的措施

柑橘果实品质包括着色、质地、大小、形状、风味及耐贮性等。一方面果实的品质与种类及品种的遗传性有关,如椪柑大多数品种为扁圆形,甜橙大多为圆球形;冰糖橙含糖量较高,而柠檬含酸量较高。另一方面果实品质与环境条件包括光照、温度、水分、矿质营养及栽培技术等也有关。如偏施化肥果实风味偏淡。积温高的产区所产果实含糖量较高,而昼夜温差大的产区所产果实着色较好等。同时,果实品质的认定还受经济发展水平及消费者消费习惯的影响。如20世纪温州蜜柑大果较受欢迎,进入21世纪则以中、小果(单果重100克左右)受欢迎。在我国,脐橙以长果形或圆球形红皮高糖低酸果较受消费者喜爱,而发达国家以圆球形高糖高酸果较畅销。因此,提高柑橘果实品质必须根据销售方向采取配套的综合技术措施。

第一,选用优良品种适地适栽,优化品种结构与熟期。根据农业部柑橘优势带建设规划合理进行品种布局。如湘南、赣南及桂北以发展优质鲜食甜橙品种为主(主要发展脐橙、冰糖橙等);三峡库区海拔200~400米地带以发展晚熟脐橙品种为主,海拔400米以上则发展早、中熟甜橙品种。积温在4 800℃~5 500℃的柑橘产区以发展宽皮柑橘为主;积温超过5 500℃且没有霜冻的地区可适当发展柠檬。优化品种结构与熟期可以改变品种熟期集中造成的果实积压与贮藏过程中品质下降。

第二,平衡施肥,保证柑橘植株营养生长与生殖生长对养分的需求,果园总体施肥量与施肥次数要根据叶片与土壤营养分析的结果及植物生长发育的特性进行确定。如春梢抽发期、幼果期细胞分裂旺盛,需氮素较多,萌芽肥与开花坐果肥宜以速效氮肥为主,壮果肥需适当增施磷、钾肥和钙等元素的含量,幼树的磷、钾肥可适当少施。

第三,合理规划果园排灌系统,根据植株生长期需水规律均衡灌水,应保持土壤相对持水量为60%~80%。我国绝大多数柑橘产区年降水量超过1 000毫米,从理论上讲基本可以满足柑橘生长发育的需要。但由于降水量存在季节、地区不平衡性,一些产区春旱或秋旱严重,易造成花器官发育不良或采前裂果、落果或果实大小不均等现象,影响果实品质,而柑橘植株生长季节合理均衡灌溉则可以极大地降低这方面的影响。果园合理均衡灌溉也是我国柑橘生产技术与先进国家的差距所在。

第四,选用无病毒苗木带土适当稀植,合理修剪,适时疏花疏果,保证果园、果树通风透光及花果负载适宜。如脐橙以每667平方米栽55株、产量2 000千克为宜。选用无病毒苗木带土定植有利于快速、整齐成园,提早挂果,有利于增加果农果园投入的积极性及提高果农管理技术水平。适时疏花疏果有利于剔除畸形果、病虫为害果及伤果等,保证果实果形端正、外观正常。果园、果树通风透光有利于果实着色、果面光洁。

第五,预防为主,综合防治病虫害。现在产区广泛推广的"三挂一种"技术可以明显减少果园虫害和喷药次数,降低果园生产成本,提高果实卫生标准。

第六,采用工程技术、设施技术提高果实含糖量和果实外观。如采取抬高栽培配套合理灌溉技术、限根栽培技术、果实采前1个月左右地面覆膜(尤以反光膜最佳)或温州蜜柑果实着色期树冠覆膜均有利于提高果实含糖量。温州蜜柑覆膜结合晚采技术可同时改善果实风味和果皮颜色。中晚熟脐橙品种如红肉脐橙、佛罗斯特脐橙适当晚采也能提高含糖量和果皮着色。

第七,采取合理的贮藏技术,制定适宜的销售战略,延长鲜果上市期。冷链系统是最佳选择,但由于成本高主要用于高档果品。我国柑橘品种以早中熟品种为主,且产量逐年增加,面对消费者主要是中、低收入人群,在销售过程保持果实品质,一是采取合理的简易贮藏技术,制定适宜的销售战略。早中熟品种可简单使用杀菌剂、保鲜剂处理,尽快销售或边贮藏边销售;中晚熟品种可留树贮藏与鲜销相结合;晚熟品种由于气温升高应尽快鲜销。二是与采前技术配套,即多施有机肥、壮果肥、采果肥,增施磷、钾肥及微量元素,以改善品质,提高耐贮性。果实生长后期应适当控水,采前1周不能灌水,否则易浮皮而不耐贮。采前7天用1000倍液甲基托布津加20毫升/升 2,4-D喷洒树冠果实可减少采后的腐烂。三是适时采收,采收时避免物理或机械损伤,采收后对果实进行分级、包装,去除烂果及病果。四是用防腐保鲜药物处理,并适当预贮,一般甜橙3天、宽皮柑橘类2天。计划贮藏时间较长的果实要注意贮藏室温度、湿度,适时剔除烂果。

思考题

1. 柑橘疏花疏果采取的主要技术措施有哪些?其生物学原理是什么?

2. 如何提高和在销售过程中保持柑橘果实品质?

第九章　柑橘病虫害与自然灾害的防治(御)

一、柑橘生产的主要病虫害

(一)防治策略

柑橘果树在整个生长周期随时都有可能受到病虫害的危害。柑橘病虫害防治的基本原则是：预防为主，综合防治。在防治过程中积极开展病虫预测预报工作，优先选用农业、物理、生物等综合防治措施，将病虫害控制在最低水平。

1. 农业防治　选用抗病性、抗逆性强的品种、砧木；加强栽培管理，增强树势，提高树体自身抗病能力；提高采果质量，减少果实伤口，降低果实腐烂率。

2. 物理机械防治　应用害虫的趋光性、趋化性等防治害虫。利用频振式杀虫灯引诱或驱避吸果夜蛾、金龟子、卷叶蛾等害虫。在糖、酒、醋液中加入农药诱杀大实蝇、拟小黄卷叶蛾。另外可人工捕捉害虫，集中种植害虫中间寄主以诱杀害虫。

3. 生物防治　采用生草栽培等技术措施改善果园生态环境，人工引移、繁殖释放天敌，应用生物源农药和矿物源农药，利用性诱剂和以菌治虫等措施来防治消灭害虫。

4. 化学防治　这是综合防治的最后一关，应当是上述防治方法的补充。在进行化学防治时应注意以下几个要点：一是禁止剧毒高残留农药在柑橘生产上应用；二是不能超剂量使用农药；三是不能长期使用同一种农药；四是要及时清洁器械；五是要注意劳动保护，防止发生意外人身伤害事故。

我国柑橘产区进行化学防治的几个重点时期是：①春梢萌发期(春芽露头1粒米长时)主要防治对象是柑橘疮痂病、炭疽病,蚜虫、叶甲和红蜘蛛,应使用杀虫剂+杀螨剂+杀菌剂联合防治。如大生+蚜虱净+尼索朗就是一个很好的组合。②花谢2/3时,主防柑橘疮痂病上果,同时兼防红蜘蛛、炭疽病和树脂病。大生+克螨特的组合效果比较理想,甲基托布津和多菌灵也可以在这一时期使用。4月下旬至5月初黑刺粉虱开始孵化,应使用一次啶虫咪+洗洁净进行挑治。③5月20日左右是介壳虫孵化的主要时期,用乐斯本或速扑杀防治。黑刺粉虱严重的果园加洗洁精,用药时可加入扫螨净兼防红蜘蛛。④6月15日左右使用阿维菌素(维丹)防治红蜘蛛、黄蜘蛛和锈壁虱,烟霉病严重的果园应喷1次大生。⑤幼苗夏秋梢出头后用莫比朗防治潜叶蛾;大树防潜叶蛾以抹梢为主。进入7月份以后一般不用药。9月上旬使用石硫合剂防治红蜘蛛抬头。⑥冬、春季修剪后使用机油乳剂或石硫合剂清园,用石灰水涂白树干。

(二)病害及其防治

1. 真菌类病害

(1)脚腐病

①分布和危害症状:脚腐病又名裙腐病。是一种根颈病害,在我国各柑橘区均有发生。它危害柑橘根颈和主根皮层,病部树皮腐烂呈褐色、有酒糟味,常流出胶质。在干燥条件下病部开裂变硬,与健部分界明显。初期仅危害树表皮,后扩大至形成层以至木质部。病斑纵横扩展蔓延向上至主干距地面20厘米,向下至根群,横向至主干环割导致植株死亡,病树部分或全部叶片黄化,病树开花多、结果少。

②发病规律:以菌丝体在病组织中越冬。也可随病残体在土中越冬,靠雨水传播,田间4~9月份均可发病,但以7~8月份最

甚。高温高湿、土壤黏重、排水不良、果园间种高秆作物、栽植密度过大树冠荫蔽、树皮损伤和嫁接口过低均有利于发病。甜橙、柠檬砧最易感病,枳、枳橙和枸头橙耐病。幼树病轻,大树病重。

③防治方法:一是在多发产区新建果园,利用抗病砧木。二是对老果园靠接换砧。在已感病砧木的植株基部,选择不同方位靠接3株抗病砧木。靠接能有效缓解本病危害,是对现有柑橘园防病的有效措施。三是对发病植株用刀刮去外表泥土,使病斑清晰现出,并纵刻病部,深达木质部,刻道间隔1厘米;然后涂25%甲霜灵(雷多米尔、瑞毒霉、甲霜安)可湿性粉剂200倍液或90%三乙磷酸铝(疫霉灵、疫霜灵、乙磷铝)可溶性粉剂100倍液。四是新建园适度稀植、密植老果园合理间伐有利于降低此病的发生率。五是搞好排灌系统,防止果园积水;同时要及时防治天牛、吉丁虫。在中耕除草时,应避免损伤基部树皮。

(2)疮痂病

①危害症状:嫩叶展开前即可染病,初呈油渍状小斑,后木栓化向叶背隆起呈圆形疮痂状,叶面多凹陷,病斑联合时叶片歪扭,表面粗糙。枝梢变短,扭曲,表面粗糙。幼果果面呈瘤状突起,木栓化,果小,皮厚、畸形,易早落。天气潮湿时,病斑长灰色粉霉(分生孢子)。被害树落叶、落果,品质下降。橘类、黎檬类易感病,甜橙类较为抗病。

②发病规律:以菌丝体在病枝、叶上越冬,翌年春当气温为15℃～24℃和多雨高湿时,老病斑即可产生分生孢子。分生孢子借风雨传播,萌发芽管侵入春梢嫩叶、花和幼果。

③防治方法:

一是药剂防治:喷药保护的重点是嫩叶和幼果。

防治时期:春梢上的疮痂病,应在春梢新芽萌动至芽长2毫米之前喷药;在谢花2/3时喷药,保护幼果;秋梢发病的柑橘产区还要喷药保护。

药剂种类：0.5%～0.8%倍量式波尔多液，50%多菌灵可湿性粉剂1 000倍液，70%甲基托布津可湿性粉剂800～1 000倍液，50%甲基托布津可湿性粉剂500～800倍液，50%苯菌灵（苯来特）可湿性粉剂1 000倍液，50%灭菌丹可湿性粉剂500倍液，75%百菌清可湿性粉剂500～800倍液，铜皂液（硫酸铜0.5千克、松脂合剂2千克，水200升）。

喷药次数：应根据当时病情而定，一般每隔10～15天喷1次，共喷1～2次。

二是剪枝清园：结合冬、春季修剪，剪除病枝叶。同时清除地面枯枝落叶，以减少菌量，减轻发病。

(3)炭疽病

①危害症状：本病主要危害叶片、枝梢和果实，也危害苗木、花和果梗等。叶片受害，病斑常发生于叶片边缘或尖端，近圆形或不规则形。病斑边缘为深褐色、中央灰褐色，干燥时病斑中部为灰白色，病斑上面有许多黑色小粒点，散发或呈轮纹状排列，在多雨潮湿时，病斑上黑色小粒点中溢出许多橘红色黏性小液点。枝梢发病多从叶柄基部腋芽处或受伤处开始，病斑初为淡褐色、椭圆形，后扩大为长棱形、稍下陷，病斑发展到环绕枝梢一周时，病梢由上而下呈灰白色枯死，上面散生黑色小粒点。病枝的叶片往往卷缩干枯，经久不落。苗木发病多在离地面7～10厘米或嫁接口处产生不规则的深褐色病斑。严重时主干顶部枯死，并延及枝条。花部发病，在开花后雌蕊先受害呈褐色腐烂而引起落花。果梗发病呈淡黄色，后变褐色干枯，果实脱落或失水成僵果挂在枝上。果实发病，可分为干疤和果腐两种类型。干疤型发生在比较干燥条件下的果实上。病斑边缘明显，圆形或近圆形，黄褐色至黑褐色，稍凹陷，皮革状，病斑上可见许多黑色小点。果腐型主要发生在近成熟或贮藏期湿度大的果实上，可从果蒂或果腰开始发病，初为淡褐色水渍状，后变褐色而腐烂。

②发病规律：炭疽病菌是一种弱寄生菌，只有当寄主生长衰弱的情况下方能侵入危害。以菌丝体和分生孢子在病部越冬，翌年春天在高温多雨的气候条件下病组织上产生分生孢子，借风雨或昆虫传播，侵入危害。一般在春梢生长后期开始发病，夏秋梢期发病较多。

③防治方法：一是加强栽培管理，增强树势是本病防治之本。二是常用的杀菌剂都能有效阻止病菌分生孢子萌发，在发病初期进行喷药保护效果就很明显。药剂可选用0.5%石灰等量式波尔多液、50%退菌特可湿性粉剂500～700倍液、50%甲基托布津可湿性粉剂800倍液、50%多菌灵可湿性粉剂1 000倍液。每隔15天喷1次，连喷2～3次。

(4)柑橘树脂病

①危害症状：柑橘树脂病主要危害枝干、叶和果。枝干受害后引起皮层坏死，初期呈现暗褐色油渍状病斑。有流胶现象的称为流胶型，病部流胶现象不明显的称为干枯型。不论何种类型，病部的木质部均变浅灰褐色，并在病、健交界处有一条黄褐色或黑褐色的痕带。病部栓皮层和外露的木质部上，可以见到许多小黑点(病菌分生孢子器)。叶片受害后呈现许多散生或密集成片的黄褐色或黑褐色硬质小粒点，隆起，手摸表面粗糙，似砂纸之感，故称为砂皮病。田间果实受害后的症状与叶片相同。危害成熟果实，在贮藏条件下其症状为褐色蒂腐病。病斑常始发于蒂部，开始出现水渍状褐色病斑、革质、有韧性、用手指轻压不易破裂。病斑边缘呈波纹状，白色菌丝在果实内部中心柱迅速蔓延，当外部果皮1/3～2/3腐烂时，果心已全部腐烂，称为穿心烂。有时在病果表面覆盖一层白色菌丝体，散生黑色小粒点。

②发病规律：以无性世代的菌丝、分生孢子器和分生孢子在病树组织内越冬。当气温达20℃左右、雨水充足时，潜伏的菌丝恢复生长发育，形成更多的分生孢子器。分生孢子借风、雨、昆虫等

媒介传播,萌发芽管从伤口侵入,引起发病。本病菌为一种弱寄生菌,只能从寄主伤口侵入危害。

③防治方法:一是加强栽培管理,增强树势,乃是防治本病的关键。二是防治叶和幼果上的砂皮病,应于春梢萌发期、花落2/3以及幼果期各喷1次药。药剂可选用0.5%~0.8%石灰等量式波尔多液,50%退菌特可湿性粉剂500~600倍液,50%甲基托布津可湿性粉剂500~800倍液。枝干上病部可采用纵刻病部,涂药治疗。涂药时期为4~5月份、8~9月份,每期涂3~4次。药剂可选用50%多菌灵可湿性粉剂100倍液,50%甲基托布津可湿性粉剂100倍液。

(5)煤烟病

①危害症状:叶片、枝梢和果实表面初期现一薄层暗褐色小霉斑,逐渐扩展并相互联合,形成茸毛状暗褐色或薄膜状黑色霉层,有的还散生小黑点(闭囊壳或分生孢子器)。真菌以介壳虫、蚜虫等分泌的蜜露为养料,在寄主器官表面繁殖,除影响光合作用外,还分泌毒素,致使植株生长势衰弱,果实品质与品级下降。

②发病规律:病菌大部分以蚜虫、蚧类、粉虱类害虫的分泌物为营养,因此这些害虫的存在是本病发生的先决条件,并随这些害虫的活动而消长、传播与流行。栽培管理不良、荫蔽、潮湿的果园易发生此病。

③防治方法:一是防治本病的关键是防好蚧类、粉虱、蚜虫;二是果园、果树通风透光,增强树势。

(6)青霉病、绿霉病　分布很广,是引起柑橘果实贮运期大量腐烂的主要病害。由于青霉病的发病适温比绿霉病低,因此在气候暖和地区以绿霉病为主,而在气温较低的地区则以青霉病为主。

①危害症状:青霉病初期病部水渍状、圆形、软腐、略凹陷皱缩,病部水渍状规则、明显。而后在病部长出白霉状菌丝层,菌丝层中很快长出青色粉状霉层(病菌的分生孢子和分生孢子梗),外

围白色霉带较窄,仅1~2毫米。通常果实病部对包果纸及其他接触物无黏着力。绿霉病初期症状与青霉病相似,但中后期症状有差异。病部水渍状边缘不规则也不明显,在白色菌丝层上长出绿色粉状霉层(病菌分生孢子和分生孢子梗),外围白色菌丝带较宽、达8~15毫米。果实病部对包果纸及其他接触物均有黏结性。

②发病规律:两种病菌的分生孢子分布很广,在6℃~33℃的温度范围内均可发生。病菌借气流或接触传播,由伤口侵入。果面伤口是引起本病大量发生的关键因素。

③防治方法:一是加强田间防治,贮藏入库时要严格选果,剔除病、伤果实。二是适时采收,提高采果质量。柑橘果实的耐贮性与果实成熟度有关,一般充分成熟的果实风味佳,耐贮性差;过早采收的果实风味差,耐贮性好。为兼顾两者,贮藏用果的采收期以果实八成成熟度为最佳。引起柑橘果实腐烂的病原菌多数为弱寄生菌,由伤口侵入。因此提高采果质量,避免、减少伤口就能有效控制腐烂。三是用杀菌剂处理。采果前先对贮藏库和工具进行消毒处理。用硫黄粉(10克/米^3)加锯木屑点火发烟熏蒸24小时,或用50%多菌灵可湿性粉剂200~500倍液喷雾、擦洗。采后果实用杀菌剂加2,4-D浸果处理。最常用的杀菌剂是多菌灵可湿性粉剂500~1 000毫克/升,苯菌灵(苯来特)可湿性粉剂500毫克/升,噻菌灵悬浮剂500~1 000毫克/升,抑霉唑水溶性粉剂500~1 000毫克/升。2,4-D主要用于保持果蒂新鲜、延缓果实衰老,从而增强抗病能力,起到间接防病作用。使用2,4-D必须在采后3天内进行,否则效果较差。四是创造良好的贮藏条件,柑橘以低温贮藏效果较好。

2. 细菌和类细菌类病害

(1)溃疡病

①危害症状:在叶背初生针头大的黄色油渍状小斑点,后呈圆形斑,表里两面均隆起、木栓化,病斑中部呈火山状开裂,周围有黄

色晕环。枝梢及果实受害,病斑同叶片,但不显黄色晕环。后期病树叶片脱落、枝梢枯死和早期落果。成熟果实病斑累累,品质及品级下降。柠檬、甜橙类最易感病,其次是酸橙、柚、枳、枳橙,宽皮橘类轻度感病,金柑耐病。

②发病规律:病菌在病部长期存活,借风雨、昆虫和枝叶交接作近距离传播;远距离主要通过带病的苗木、接穗和果实传播,有时带菌土壤亦能传病。病菌由气孔、皮孔、伤口侵入,潜育期3~10天,高温多雨时,病害流行。本病发生的最适温度为25℃~30℃,在田间以夏梢发病最重。

③防治方法:一是本病为我国植检对象之一,在调运苗木、接穗、果实时必须严格执行《植物检疫条例》,严禁本病传入无病区和新区。局部或零星发生的果园,应采取烧毁病株及周围15米内的杂草。二是培育无病苗木。三是疫区采取喷药保护为主的综合防治措施。喷药保护的重点是夏秋梢抽发期和幼果期。一般在新梢自剪后喷第一次药,间隔7~10天再喷1次,连续喷2~3次。为保护幼果,应提早到5月下旬用药,连喷3~4次。药剂种类可选用30%氧氯化铜悬浮剂700倍液,农用链霉素700~900单位/毫升,50% DT(二元酸铜)可湿性粉剂700倍液,14%胶氨铜水剂300倍液,0.5%石灰倍量式波尔多液,铜皂液(硫酸铜0.5千克、松脂合剂2千克,水200升)。D. 加强对潜叶蛾的防治,以减少病菌从伤口侵入的机会。

(2)柑橘黄龙病

①危害症状:是一种类细菌的病原所引起的毁灭性柑橘病害。发病初期在浓绿树冠中出现个别末级枝梢或枝序、叶片发黄,有3种类型:一是均匀黄化型。由嫩叶的淡黄绿色转为老熟叶片的均匀黄化,主要在幼龄树上发生。二是斑驳黄化型。从叶脉附近、叶片基部或边缘开始黄化,并扩散形成黄绿相间的斑驳,最后呈均匀黄化,为最常见类型。三是缺素状黄化型。叶片的主侧脉及附近

叶肉呈绿色,而脉间叶肉黄化,类似缺锌、缺锰和缺铁的症状。病叶易脱落,落叶枝易枯死,树冠稀疏,病枝不定时抽梢,抽发的新梢较短,叶小。果小,呈斜肩状,着色时黄绿不均匀。椪柑易出现"红鼻果"症状。柑橘主要种类中以枳抗病性最强,其次为柚和酸柚,温州蜜柑和甜橙居中,其他品种均易感病。

②发病规律:黄龙病一年四季都可以发生,一般自出现黄梢至全树发病只需 2 年时间。如树势强健、防虫及时,也可延缓黄龙病的发生。黄龙病的发生、流行与苗木带病率、田间病树数以及木虱数量有关,嫁接也是一个重要的传播途径。

③防治方法:对于黄龙病的防治,应采取以减少或消灭病原体和防止媒介昆虫的田间传病为中心的综合防治措施。一是严格实行检疫制度,严禁病区的接穗和苗木流入新区和无病区。二是新建果园应种植无病苗木,与老病果园隔离,并铲除果园周围的木虱寄主植物九里香和黄皮。三是严格防除传病昆虫柑橘木虱。为使枝梢抽发整齐,每次嫩梢抽发期喷药保护。夏梢期可用农敌落 1 000 倍液,春、秋梢期用 10%吡虫啉可湿性粉剂、20%木虱毙乳油、2.5%奥虱灵乳油等对若虫、成虫均有良好的防治效果。四是及时拔除病株烧毁,一方面是消除传染源,另一方面也有利于消灭传病媒介。由于病树落叶多,经常萌发新梢,常是柑橘木虱集中和增殖的场所,因此应先喷杀虫剂(如 26%虫螨毙 1 000 倍液),杀死病树上的柑橘木虱,然后倒树,以免柑橘木虱飞散传病。

3. 病毒类病害

(1)柑橘裂皮病

①危害症状:病株砧木部分树皮纵向开裂和翘起,呈鳞片剥落;木质部外露,有的流胶。树冠矮化,新梢少而纤细。叶片少而小,多畸形,有的叶脉附近绿色,叶肉黄化,类似缺锌状态。结果期提早,开花多,多为畸形。病树落花落果严重,枯枝多,以至全株死亡。以枳、枳橙、兰普来檬等作砧木对该病较敏感。

②发病规律:裂皮病主要发生于芸香科植物,病原可能存在于许多耐病寄主中。但只有当这些带毒接穗嫁接在对裂皮病敏感的砧木品种上时,病状才明显可见。病原随苗木作远距离传播,并可通过嫁接或修剪工具传播。种子不传病,尚未发现媒介昆虫。

③防治方法:一是进行病毒普查,对带毒植株采取限制生长,专门管理(少量挖除),防止交叉感染。二是新建园定植无病毒苗木。

(2)柑橘衰退病 在世界各柑橘产区普遍发生,在我国的分布也相当普遍,主要为苗黄毒系与茎陷点毒系。此病在以酸橙为砧木的植株中症状明显。由于我国柑橘栽培主要以枳壳作砧木,因而植株虽带毒而症状不明显。

①危害症状:开始发病时,病枝上不抽发或少抽发新梢,新叶细小,植株矮化,老叶失去光泽并出现不同程度的黄化,主脉与侧脉附近黄化更为明显,病树逐渐落叶,自顶部向下枯梢,缓慢死亡。有木质部输导组织褐化与木质部出现凹陷点或条沟两种类型。

②发病规律:远距离主要通过带毒苗木或接穗传播,田间主要通过蚜虫传播。

③防治方法:一是最根本的方法是进行普查,挖除带毒植株或限制生长措施。二是选用耐病砧木。三是新建园选用无病毒苗木或用弱毒系预先接种,干扰强毒系的侵染危害。四是防治媒介昆虫蚜虫。

(3)柑橘碎叶病

①危害症状:病株砧穗接合处有褐色的环痕,接口以上的接穗部肿大,病株矮化,叶脉黄化。

②发病规律:主要以苗木、接穗嫁接传播。

③防治方法:A.采用无病毒苗木和接穗。B.嫁接与修剪工具消毒。

(4)温州蜜柑萎缩病

①危害症状:形成船形叶或匙形叶,即叶两侧明显反卷。

②发病规律:主要由嫁接和汁液传播,远距离传播主要由苗木与接穗引起。

③防治方法:一是挖除病树。二是嫁接与修剪工具消毒。三是种植无病毒苗木。

4. 柑橘根线虫病　该病几乎遍及世界柑橘产区,在我国广东、广西、福建、浙江等柑橘产区均有发生。

(1)为害症状　病原为柑橘根线虫。此病为害根部,受害须根比正常根略粗短、易碎,缺乏正常根应有的黄白色光泽。被害小根形成根瘤。由于线虫的穿刺,不但破坏了根皮组织,而且容易感染其他病原微生物,使根皮呈黑色坏死。严重受害时,导致根皮不能随中柱生长,使皮层和中柱发生分离现象。受害植株的树冠没有特征性症状,与干旱、营养不良、缺素症相类似,表现出缓慢性衰退,叶片发黄、落叶、枝枯,产量锐减。

(2)发病规律　线虫主要以卵及雌虫越冬。靠带线虫苗木作远距离传播,靠带有线虫的土壤、农具及流水近距离传播。发育最适温度为20℃~30℃。通气良好的沙质土、过度潮湿的土都有利于线虫的生长繁殖,黏性土发病较轻。

(3)防治方法　①严格实生苗木检疫制度,培育无线虫苗木。避免从疫区引入带线虫苗,选择无线虫的土壤播种和建园或利用抗病砧木枳。②带线虫苗木可用48℃的热水浸根15分钟,以杀死根瘤内的线虫。③加强栽培管理,增施农家肥料,增强树体抗线虫能力。对沙质较重的土壤逐年用黏性土改土。④在1~2月份挖除深5~15厘米的表层病根和须根团,并集中烧毁。随后每株撒施2千克石灰,并增施农家肥促发新根。⑤对病树采用药剂处理。成年病树于2~3月份在树干四周拨开表土15厘米左右深,每株泼施80%二溴氯丙烷300~400倍液7~15升,然后覆土踩实再泼少量水。每667平方米施用10%克线磷粒剂4~5千克,或10%克线丹粒剂3~4千克,或15%铁灭克3.5~5千克也有较好的效果。施用粒剂药物,同样需拨开15厘米深表土,均匀撒施后覆土。或于1~2月份挖除受线虫为害的根块后将粒剂药物均匀撒施在树盘上,然后施肥覆土。

(三)虫害及其防治

1. 柑橘红蜘蛛

(1)为害症状　吸食柑橘叶片、嫩梢、花蕾和果实汁液,尤以嫩叶受害最重。叶片受害处初呈淡绿色后变灰白色斑点,严重时叶片呈灰白色而失去光泽,叶背面布满灰尘状蜕皮壳,引起落叶落果。受害幼果表面出现淡绿色斑点,成熟果实受害后表面出现淡黄色斑点,使其品质差。因果蒂受害而大量落果。

(2)生活习性　1年发生12~20代,田间世代重叠。冬季多以成螨在柑橘下部老叶上越冬。春、夏季繁殖较快,每年3~5月份发芽开花前后是其发生和为害盛期,如此时干旱少雨就会造成危害。此后由于高温、高湿和天敌多,虫口受到抑制而显著减少。9~11月份如气候适宜又会造成危害。它有趋嫩喜光性,苗木和幼树由于抽梢多、日照强、天敌少而受害重。常从老叶向新叶和幼果迁移。叶背和叶面虫口均多。土壤瘠薄、向阳的坡地发生早而重。

(3)防治方法　苗木和幼树应以化学防治为主,大树开花前天敌少也应注意化学防治。开花后由于高温、高湿和天敌控制,适当进行挑治。6~8月份一般无须喷药。

(4)虫情测报和施药指标　在春季发芽时开始每7~10天调查柑橘一年生叶片1次。当螨、卵数达200头/100叶或有螨叶达50%或芽长1~2厘米时,应及时喷药。开花后螨数应达600头/100叶时才喷药。

(5)主要药剂　开花前气温多在20℃以下,许多药剂效果差,应选择非感温性药剂,如5%尼索朗3 000倍液、20%四螨嗪2 000倍液、15%哒螨酮2 000倍液、5%霸螨灵3 000倍液和20%三唑锡1 500倍液等,开花后除上述药剂外,最好用73%克螨特3 000倍液、25%单甲脒或用20%双甲脒1 500倍液、50%苯丁锡2 500倍液和0.3～0.5波美度石硫合剂进行挑治。尼索朗和四螨嗪不杀成螨,如花后用需与其他杀成螨药剂混用。石硫合剂无杀卵作用、持效期又短,故需7～10天再喷1次。柑橘红蜘蛛的天敌有食螨瓢虫、日本方头甲、塔六点蓟马、草蛉、长须螨和钝绥螨等,应注意保护。加强树体管理,提高抵抗力,干旱时灌水可减轻虫害。喷药时加入150毫克/升的“802”或0.5%尿素,可促进新梢老熟,增强植株补偿力。

2. 四斑黄蜘蛛

(1)为害症状　四斑黄蜘蛛又名橘始叶螨。主要为害柑橘叶片、嫩梢,花蕾和幼果有少数受害,尤以嫩叶受害最重。该螨常在叶背主脉两侧聚集取食,聚居处常有蛛网覆盖,卵即产在下面。嫩叶受害处背面出现略下凹向正面凸起的黄色大斑。严重时叶片扭曲变形,进而大量落叶。老叶受害处背面为黄褐色大斑,叶正面为淡黄色斑。由于严重破坏了叶绿素,其为害甚于柑橘红蜘蛛。

(2)生活习性　1年发生10余代。冬季多以成螨和卵在叶背活动,无明显越冬迹象,田间世代重叠。春季较柑橘红蜘蛛早发生15天左右。4月上中旬是为害盛期,如此时高温少雨,为害严重。6月份以后由于高温、高湿和天敌控制,一般不会造成危害。该螨喜在树冠内和中下部光线较暗的叶背取食,大树较重。其他同柑橘红蜘蛛。

(3)防治方法　防治策略、测报方法和防治药剂与柑橘红蜘蛛相似。但施药指标为花前螨、卵100头/100叶,花后螨、卵300头/100叶。单甲脒和双甲脒效果不理想。防治重点是大树,苗木和小树较轻。施药时应注意树冠内部、叶片背面。

3. 锈 壁 虱

(1)为害症状　为害柑橘。被害果实、叶片背面呈古铜色，表面粗糙，失去光泽。严重时引起落叶。

(2)生活习性　1年发生约18代。以成螨在夏、秋梢腋芽和由于病虫害等因素引起的卷叶内越冬，4月中下旬开始活动、产卵，卵产在叶及果实的凹陷处。5~6月份向果实迁移为害，8~9月间达高峰。锈壁虱以刺吸式口器刺入柑橘叶片、果实等器官的组织，吸取汁液。

(3)防治方法

①检查虫情：5~10月份，检查当年春梢或秋梢叶背有无铜锈色或黑色斑，或个别果实有无暗灰色或小块黑色斑。如有斑应立即喷药或重视采果后的防治。也可从6月上旬起，定期用手持放大镜观察叶背，若每个视野平均有虫2头时即应用药防治。

②药剂防治：必须强调连续防治，喷药周到。可选用20%哒螨酮可湿性粉剂4 000~5 000倍液，40%四螨嗪可湿性粉剂5 000~6 000倍液，25%三唑锡可湿性粉剂2 000~3 000倍液，73%克螨特乳油4 000~5 000倍液，1.8%爱力螨克3 000~5 000倍液或50%托尔克2 000~3 000倍液。

③改善橘园生态环境：园内种植覆盖作物，旱季适时灌溉，保持阴湿环境，以减轻锈壁虱的发生与为害。

4. 矢 尖 蚧

(1)为害症状　矢尖蚧又名矢尖介壳虫，属同翅目盾蚧科。我国各柑橘产区均有发生。若虫和雌成虫取食柑橘叶片、果实和小枝汁液。受害轻的叶被害处呈黄色斑点，若许多雄若虫聚集取食，受害处反面呈黄色大斑，严重时叶片扭曲变形，枝叶枯死。果实受害处呈黄绿色，外观差，味酸。

(2)生活习性　1年发生2~4代，以受精雌虫过冬，少量以若虫越冬。5月中旬产卵。1龄若虫于5月上旬、7月中旬和9月下旬出现3个高峰,12月份至翌年4月中旬基本绝迹。温暖潮湿有利于其发生,高温干旱幼蚧死亡率高。树冠荫蔽有利其发生。雌虫分散取食,雄虫多聚集在母体附近为害。

(3)防治方法 ①第一代2龄雄虫初见后5天为第一次防治适期,20天后再喷药1次。施药指标:上年秋梢叶片上越冬雌成虫达10%、树上有2个小枝组明显有虫、少数枝叶枯焦、上年秋梢叶片上越冬雌成虫达15头/100叶时,均应施药防治。主要药剂:40%速扑杀2 000~3 000倍液,40%乐斯本、25%扑虱灵1 000~2 000倍液,0.5%果圣1 000~2 000倍液,95%机油乳剂100~150倍液。或用前几种药剂之一的2000~3000倍液加0.25%~0.5%机油乳剂,效果更好。②剪除虫枝、干枯枝和荫蔽枝,以减少虫源和改善通风透光条件。③矢尖蚧的天敌有日本方头甲、整胸寡节瓢虫、湖北红点唇瓢虫、矢尖蚧蚜小蜂和花角,要充分利用。

5. 吹 绵 蚧

(1)为害症状 吸食树体汁液,诱发煤烟病,引起落叶、枯梢、树势衰弱。

(2)生活习性 1年发生2~3代,大多以3龄若虫或雌成虫在避风的枝条或叶背越冬,世代重叠。在自然情况下,雄虫数量极少,多营孤雌生殖。2龄以后逐渐转到枝干上聚居为害,吸食树液,同时排泄蜜露。

(3)防治方法 以天敌为主、辅以人工和药剂相结合的综合防治。①保护或引用大红瓢虫和澳洲瓢虫。②选用20%乐果500~800倍液,松脂合剂(3∶2∶10,冬季10倍左右,夏季15倍左右),50%敌百虫250倍液,洗衣粉100倍液,40%水胺硫磷1 000倍液,25%喹硫磷500~1 000倍液和40%速扑杀(杀扑磷)乳油2 000~2 500倍液。以上药剂,应在吹绵蚧幼虫盛发阶段连续喷洒2~3次,才能取得显著效果。

6. 柑橘粉虱、黑刺粉虱

(1)为害症状　常以幼虫群聚叶背为害,主要为害春、夏梢,诱发煤烟病,引起枯梢,果实生长缓慢,以至脱落。

(2)生活习性　1年发生3~4代。柑橘粉虱以若虫及蛹在叶背越冬,第一代成虫在4月间出现,第二代在6月间,第三代在8月间。黑刺粉虱以2~3龄若虫在叶背越冬,5~10月份为幼虫盛发期。

(3)防治方法　①生物防治。斯氏蚜小蜂和石井褐黄蚜小蜂都是产卵在黑刺粉虱1~2龄若虫体内,对控制黑刺粉虱有效。多雨重雾季节采集已被粉虱座壳孢寄生虫体的枝叶,带至荫蔽潮湿粉虱发生的橘园散放,或人工培养制成粉虱座壳孢孢子悬浮液田间喷射。②药剂防治。冬季喷洒石油乳剂,其他季节掌握1龄若虫盛发时期喷40%速扑杀3 000倍液或拟除虫菊酯杀虫剂。③合理修剪,果园通风透光。

7. 柑橘潜叶蛾

(1)为害症状　主要以幼虫潜食为害嫩叶、嫩茎,形成弯弯曲曲的虫道(俗称鬼画符),造成叶片卷曲、脱落。以夏、秋梢受害较重,是溃疡病流行的诱因之一。被害的卷叶常是红蜘蛛、卷叶蛾的栖身场所。

(2)发生规律　潜叶蛾属鳞翅目叶潜蛾科。1年发生9~15代,主要以蛹在为害部位越冬。7~9月份是为害盛期。成虫具趋光性,卵多产在嫩叶的背面叶脉两旁。幼虫老熟后常将叶片边缘卷起,裹在里面化蛹。

(3)防治方法　①抹夏梢,统一抽发早秋梢,加速新梢成熟。②夏梢或早秋梢大量抽发、叶长不超过1厘米或嫩梢卵率达30%时开始第一次喷药,以后每隔5~10天喷1次,直至停抽新梢为止。拟除虫菊酯类农药对潜叶蛾有特效,20%中西菊酯5 000~10 000倍液、2.5%敌杀死2 500~5 000倍液、10%兴棉宝2 000倍液、20%叶蝉散和50%巴丹1 000倍液、1.8%爱力螨克乳油5 000倍液加0.25%矿物油、1%阿维菌素4 000~5 000倍液或10%吡虫啉可湿性粉剂3 000倍液等都有很好的防效。③自然界中柑橘潜叶蛾幼虫及蛹的天敌有10多种,其中以橘潜蛾姬小蜂为优势种,寄生于害虫幼虫体内,对潜叶蛾有明显的自然控制作用,应加以保护。

8. 吸果夜蛾

(1)为害症状　吸果夜蛾类种类很多。成虫在夜间飞往果园以口吻刺穿果实、吸食汁液为害。重者果实软腐脱落,轻者外表仅有一小孔、内部果实呈海绵状或腐烂,是山区、近山区的一种重要害虫。

(2)发生规律　嘴壶夜蛾1年发生5代,以幼虫越冬。幼虫在木防己、汉防己、十大功劳等野生植物上为害。鸟嘴壶夜蛾1年发生4代,以幼虫、成虫越冬。成虫为害盛期为8~11月份,9月份为害最严重。

(3)防治方法　①用频振式杀虫灯诱杀。②铲除幼虫的寄主植物如木防己、汉防己、十大功劳等。③在为害盛期,用糖、醋、酒、水按4:4:1:1的比例配成糖醋液+少量90%晶体敌百虫溶液制成毒饵盛入瓷盘、陶钵等,将剥皮柑橘或西瓜切块浸入挂在果园。④自8月中旬起每隔20天喷药1次,药剂可用5.7%百树得乳油。⑤在橘园周围释放赤眼蜂。

9. 天牛类

(1)为害症状　为害柑橘类植物的主要有星天牛与褐天牛。星天牛以幼虫在近地部主干迂回蛀食为害,褐天牛为害部位一般距地面30厘米以上,蛀食洞口外面常有黄白色木屑状排泄物。

(2)防治方法　①捕杀成虫。在晴天中午捕捉星天牛,在夜晚8~9时捕捉褐天牛。②保持树干健康、光洁。大枝修剪或清除枯枝时要削平伤口并涂上保护剂使其愈合良好。枝干上有孔洞、裂皮要及时填充、堵塞或刮除。③钩杀或药杀老龄幼虫。幼虫蛀入木质部较深时,可用铁丝钩杀或清除虫粪后用棉花蘸农药(如80%敌敌畏乳油10倍液)塞入虫孔内(也可用注射器注入),并用石灰、黄泥等封闭洞口。

10. 橘大实蝇、橘小实蝇

(1)为害症状　为检疫性害虫。幼虫蛀食果瓤,形成蛆柑,引起早期落果。

(2)发生规律　柑橘大实蝇每年发生1代,以蛹在土中越冬,至6月上旬羽化为成虫,6月中旬到橘果上产卵为害。10月中旬至11月上中旬幼虫老熟脱果入土化蛹。柑橘小实蝇每年发生3～5代,无严格越冬过程,世代重叠。

(3)防治方法　①严格产地检疫,禁止疫区苗木外运、虫果外流。②自5月下旬至6月上旬起用90%晶体敌百虫1 500倍液,20%灭扫利乳油1 000倍液＋3%红糖喷雾,每隔5～7天喷1次。③摘除虫果,并将其浇药深埋或水煮。④冬耕灭蛹。

11. 柑橘花蕾蛆

(1)为害症状　成虫在花蕾直径2～3毫米时,将卵从其顶端产于花蕾中。幼虫食害花器使花瓣变厚,花丝、花药变成褐色,花器变成黄白色成为不能开放的圆球形,并产生大量黏液以增强其对干燥环境的适应力。

(2)发生规律　该虫又名橘蕾瘿蝇,属双翅目瘿蚊科。1年发生1代,以幼虫在土中越冬。柑橘现蕾时(4月上中旬)成虫羽化出土,刚出土成虫先在地面爬行至适当位置后白天潜伏于地面,夜间活动和产卵。幼虫在花蕾中生活约10天老熟后即爬出花蕾弹入土中越夏、越冬。阴雨有利于成虫出土和幼虫入土,故阴湿低洼果园、阴山果园和荫蔽果园、沙土及砂壤土有利于发生。

(3)防治方法　每年的2月底至3月初对树冠附近的浅土层进行浅耕,有利于减轻虫害。在成虫出土前用地膜覆盖树盘或地面喷药,可阻止成虫出土羽化与上树产卵为害。喷药时间为花蕾顶端开始露白前的 3~5 天。可用的药剂有 20%速灭杀丁乳油 3 000~5 000 倍液,2.5%敌杀死乳油或 20%中西杀灭菊酯 3 000~4 000 倍液,90%晶体敌百虫或 80%敌敌畏 800~1 000 倍液等喷洒地面。每隔 7~10 天喷 1 次,连喷 2 次。

二、柑橘生产的主要自然灾害

所谓柑橘生产的自然灾害是指危害柑橘植株生存、生长结果、产量和果实品质等的异常自然现象,主要包括冻害、旱灾、洪涝、台风、环境污染、农林病虫害等。现重点介绍冻害、干旱和涝害、风害、盐碱危害。

(一)冻 害

冻害是影响柑橘生产最严重的自然灾害,也是影响柑橘分布的限制因素之一。据历史记载,我国的湖北、湖南、安徽、江西、浙江等柑橘产区每隔一定周期(如 10 年左右)就会出现一次大冻害,2008 年 1 月是最近的一次大范围柑橘冻害。

1. 冻害的表现 冻害轻时,叶片出现散在水渍斑块,呈卷曲下垂状。小枝干枯,果实失水,味苦涩。冻害严重时,叶片凋落或枯死,大枝枯死或主干裂皮、韧皮部变褐。此外,嫁接口和根颈部易受冻,引起流胶病的发生。

2. 冻害的分级标准 0 级为树体枝、叶、干未受影响;1 级 25%以下叶枯黄脱落,晚秋梢受冻;2 级为 50%叶枯黄脱落,秋梢或 25%一年生枝梢受冻;3 级为 75%以上叶枯黄脱落,75%一年生枝梢受冻或 25%二年生枝受冻;4 级为叶片全落,一年生枝梢全冻死或 50%以上二年生枝梢冻死或仅主干、主枝存活;5 级为全树冻死。

3. 冻害的原因

(1)气候因素　冬季低温是柑橘冻害的直接原因，低温出现又与寒潮降温、融雪降温和辐射降温三者有关。寒潮是24小时内急剧降温10℃以上，同时这天的最低温度在5℃以下。融雪降温是由于积雪的隔热作用，雪下地面虽能保持较高温度，但却因阻碍地下热量向空中辐射，使得雪面上的低空气温常比无雪地面的下降更低而造成冻害。辐射降温主要是在晴朗、无风或微风、寒冷的夜晚，地面和植株表面热量向外辐射，大量散失，空气和植株温度降到0℃以下，尤其是在雪后初晴的夜晚，辐射降温的强度大，使雪面空气温度比无雪地面的温度下降更低，引起严重冻害。冻害又与温度变化快慢有关。冻前的温度如果逐渐降低，柑橘经过低温锻炼，抗寒力会提高；反之，冻前温度一直较高，突遇严寒，则受冻害较严重。低温过后如温度骤然上升或冰雪霜融解过快，也会加重冻害。

(2)干旱与寒风　长期干旱引起不正常落叶，削弱树势，遇到大冻，根系吸收困难，所以冬季干旱会加重冻害。低温期间刮风使树体和土壤降温过快，加速蒸发，使树失水，加重冻害。

(3)树体本身的状况

①种类和品种：柑橘树能耐的最低临界温度称为耐寒性。栽培品种中，金柑耐-12℃，温州蜜柑、本地早橘等耐-9℃，甜橙、普通柚耐-6℃，葡萄柚、柠檬耐寒性稍差。

②砧木种类：最抗寒的砧木为枳，能耐-20℃；其次为枳的杂种，如枳橙、枳柚。

③繁殖方法：由于砧木影响接穗的生理状况，抗寒砧木嫁接的具有较好的耐寒性。从繁殖方法看，实生比嫁接繁殖要耐寒。

④树体营养状况：当年结果特多或采果迟的树体营养消耗多，生长减弱，冻害较重；营养生长过旺，停止生长迟，影响营养积累，也易受冻。受到病虫危害，树势衰弱的，冻害严重。幼树比成年树

受冻重。像温州蜜柑、本地早、金橘等进入休眠早，抗寒性比进入休眠迟的红柑、椪柑耐寒，柠檬等冬季没有明显的休眠抗寒性，最不耐寒。

(4)园地环境　冻害发生的程度常与产区所处的纬度、海拔高度、产区地形、地势、坡度、是否有大水体等有密切关系。北纬33°以北东西走向的高大山脉(如秦岭、巴山)是阻拦强大寒潮的天然屏障。但北纬25°左右地区东西走向的山脉(如湖南、广东交界的南岭)有沉积冷空气的作用，易导致冻害。一般海拔高度每升高100米，气温就下降0.5℃～0.6℃。在柑橘适栽区低海拔地区宜栽耐寒性稍差的品种，海拔稍高的地区宜种早熟、不耐寒品种。如三峡库区柑橘适栽高度为海拔600米以下地区。在山地可以根据海拔高度及逆温层的存在进行柑橘品种的合理布局。逆温是指在冬季降温的时候，由于冷空气下沉，常在山地一定高度内低层空气较冷而上层空气反而较暖的现象。从坡向看，迎风的北坡最易受冻，而西坡在寒潮过后由于下午受到日光的照射而树干温度升高，晚间日落后温度急剧下降，辐射降温剧烈，易产生树枝裂皮。水体对调节气温有重大作用，夏、秋季节的江河、湖泊、大水库等水体吸收太阳辐射热量，到冬季释放水面形成水汽，可提高周围空气温度。我国及世界上主要大的果园都分布在大水体周围，如我国三峡库区、巴西及澳大利亚的柑橘产区。橘园营造防风林可防止冷空气的侵袭，降低土壤水分蒸发，以利于减轻冻害。

4. 冻害的预防措施　①根据国家柑橘优势带划分，选用耐寒品种和砧木，适地适栽。②提高栽培管理技术，培育耐寒树体。如适度提高嫁接部位(一般15～20厘米较为适宜)、采果前后及早施好有机肥保温防寒；氮肥不要施用过量，8月份后不追肥，防止促发晚秋梢；加强病虫害防治，建造防风林带。③科学进行果园规划，合理选择园址。如橘园选在大水体周围、逆温层、北面有东西走向的山脉阻挡寒风的向阳坡等。④建立防冻预警机制，采取有效的防冻措施。如在拉尼娜(赤道太平洋东部海水大范围持续异常变冷的现象,海水表层温度低出气候平均值0.5℃以上)年份注意防冻。在天气预报寒潮来临前灌水防冻、用草帘或塑料膜搭棚覆盖幼树、对不耐寒品种包干或培土,防止树干冻坏裂皮;在雪后初晴的晚上,在橘园堆积杂草枝叶作熏烟堆,傍晚燃烧使之产生烟雾可抑制辐射降温,防止霜冻。

5. 冻害后的恢复措施

柑橘树受冻后落叶露干,如果不及时处理,易过度失水,升温后造成日晒裂皮,产生流胶病,甚至全树死亡。如能及时处理,可最大限度地减轻冻害,冻害稍轻还能开花结果。

(1)合理、适时修剪　①叶片枯萎不脱应及早摘除,以防水分过度蒸发。②当年生枝梢部分或全部冻死,可及早剪除或采取二次修剪,先剪除枯死部分的3/4,待枝梢萌芽后再剪去剩余部分,剪口下留健壮的新萌发枝梢。③二年或二年以上生枝冻死,不宜早剪,需新梢萌发后再剪到活体部分,剪口下选留生长健壮、方位合理的枝条。为防止大伤口水分蒸发应削平伤口用生黄土、牛粪混合泥封闭,也可加100毫克/升2,4-D或萘乙酸促进伤口愈合。同时应及时抹去树体萌发过密的弱枝和萌蘖,以培养丰产树形。

(2)土壤管理

①中耕松土:解冻后立即中耕松土增温,结合灌水增施稀薄的速效性氮、磷、钾肥。受冻橘树根系生理活动减弱,解冻后松土,深度7~10厘米,达到提高地温、增强土壤通透性而不伤根、恢复树势的目的。

②适量施肥:要根据橘树受冻程度确定施肥策略。轻度冻害的橘树要及早施肥,如腐熟有机肥及速效氮、磷、钾肥。中度冻害的橘树要"少食多餐",第一次结合松土施有机肥2~3千克/株、尿素0.1千克/株、过磷酸钙0.5~1千克/株、硫酸钾0.1千克/株;以后根据长势结合灌水追肥2~3次,每次追施尿素0.1~0.15千

克/株、过磷酸钙 0.5～1 千克/株、硫酸钾 0.05～0.1 千克/株。重度冻害的橘树要推迟施肥,待修剪、整理完成后确定施肥方案。

(3)保护树干　利用树干刷白(5 千克石灰 + 0.5 千克石硫合剂渣 + 20～30 升水 + 10 克盐)反射直射日光,降低树干温度,防止树皮晒裂;及时防治树脂病,在病部刻伤后用 1∶4 食盐碱水刷干,用多菌灵 1 克加凡士林 50 克涂伤口,用 200 倍液甲基托布津或 1∶1∶10 波尔多浆涂伤处,以免病部蔓延扩大造成死亡。

(二)干旱和涝害

我国的柑橘产区主要分布在丘陵山地,灌溉条件都不是很理想,且大部分柑橘产区常有春旱或秋、冬干旱。干旱影响果实膨大,果汁少,旱后骤雨常导致大量裂果。在橘园规划时需注意灌溉设施及水源。

降水过多,土壤积水,导致根系吸收功能减弱,甚至烂根,进而引起叶片、花和果实的脱落,严重时会使植株死亡。柑橘花期如果淫雨连绵,会影响授粉,降低坐果率。同时,高温、高湿是大多数柑橘病虫害发生的有利条件。地下水位高、土壤黏重、排水不良的柑橘园受害更为严重。一般平地柑橘园的土壤比山地柑橘园湿润,因此受害也更严重。防治柑橘涝害首先选择地下水位不高、土壤排水透气好的位置建立果园;地势低洼果园,设立排水沟,发生涝害时及时挖沟排水。

(三)风　害

大风对柑橘能造成很大破坏,削弱光合作用,加速土壤水分蒸发而加剧干旱,妨碍授粉。夏、秋季干旱大风常引致锈壁虱和红蜘蛛的大量发生和蔓延;冬季大风常伴随低温寒冷,加剧冻害,风口附近柑橘树常树形不正。沿海地区种植柑橘常有台风危害,轻者使枝、叶、果机械损伤,造成果皮风斑,降低品质,加剧溃疡病害;重者树倒枝折,落果严重。在选园时应注意地势、坡向选择,并种植防风林以减轻风害。

(四)盐碱危害

在沿海柑橘产区及大棚设施栽培的柑橘园土壤盐碱化(水分蒸发量大,易导致地表积累盐分)是影响土壤质地的主要问题之一。在盐碱地种植的柑橘树抗性降低,易受不利天气如热风和霜冻危害。在高 pH 值环境下,土壤中铁、锰、锌、硼、铜和磷的含量低,产生缺素症状;同时,土壤中高浓度的 OH^- 和钠离子会对根部造成毒害。

防止橘园盐碱化或改良盐碱地,首先是改变土壤的物理化学性状(如洗盐排水、开沟排水、降低地下水位),其次是种植绿肥、增施有机肥;第三是选用抗盐碱较强的砧木和品种。

思考题

1. 柑橘生产中主要病虫害的防治策略是什么?
2. 柑橘生产中检疫性病虫害主要有哪些? 如何防治?
3. 柑橘生产中主要自然灾害有哪些? 如何预防?

第十章　柑橘果实的采收和处理及贮运

一、果实采收成熟度的判定

当碳水化合物等物质在果实内逐渐积累到一定程度，果皮、果肉颜色达到一定标准时，柑橘果实就进入成熟阶段。果实的采收成熟度应根据品种及其果实本身的生物学特性、生长的环境条件、采后用途、加工和贮运条件而定。若采收过早，果实的色、香、味都达不到该品种应该具有的特点，酸分重、色泽差，在市场上竞争力不强，使生产与销售均受到损失；若采收过迟，果实过熟，不耐贮运，常造成大量腐烂损失，如温州蜜柑、红橘、本地早等宽皮柑橘类果实容易浮皮，甜橙类则容易产生油斑病。长途运输或贮藏的果实应在果实成熟时期采收；就地鲜销的果实则可在该品种达到固有的色泽、风味、肉质变软时采收，甚至可以延迟采收。加工用果实因加工制品的种类不同而异，如加工糖水橘瓣罐头应在果实完熟前3～5天采收，这样橘瓣硬度较高，可降低碎瓣率；作果汁、果酱、果酒等的原料果实宜在充分成熟时采收，其可溶性固形物含量较高，品质优良，色泽美观。但制汁柠檬宜在果皮褪绿转青、尚未变黄时采收，后熟后制汁。制蜜饯用果实宜在果皮着色充分时采收，以使产品色泽鲜艳。

由于受气候、土壤、地势、品种特性和栽培管理水平等条件的影响，柑橘果实采收最适期在各年、各地并不一致，决定当年的具体采果时间，除了掌握历史情况外，还应当在果实转色期进行品尝或用仪器测量分析。不同种类、品种的柑橘果实采收标准如下。

(一)外观品质

1. 果形　有该品种典型特征,形状一致。

2. 色泽　着色良好。甜橙类:橙红色、橙色或橙黄色。初期允许带绿黄色,但其着色部分不得少于果皮面积的 2/3。宽皮柑橘类:黄色品种金黄色或橘红色;红色品种橘红色或红色。初期允许带黄绿色,但其着色部分不得少于果皮总面积的 3/5。柠檬类:浅灰绿色。

3. 表皮光滑度　果面洁净,果皮光滑。

4. 缺陷　斑疤、枝叶磨伤、青斑、砂皮、油斑病病斑及一切非正常果皮和蚧点、轻微的煤烟病菌迹、药迹等一切附着物合并以分布面积计算,甜橙类不超过总面积的 1/3,宽皮柑橘类和柠檬不超过果皮总面积的 1/4。不得有深疤、硬疤、日灼斑、裂口、锈壁虱危害斑。黑星病和疮痂病不超过 10 点,蚧不超过 30 点。

5. 果实大小　以果实横径(毫米)作为其衡量标准。甜橙类:普通甜橙 60～90,脐橙 65～85,锦橙 60 以上,夏橙 60 以上,血橙 60 以上,冰糖橙 55 以上;宽皮柑橘类:温州蜜柑 60～80,椪柑 65 以上,红橘 60 以上,本地早 50 以上,南丰蜜橘 35 以上;柠檬类:尤力克 55～80,里斯本 55～80。

(二)内在品质

1. 可溶性固形物　不低于10%。

2. 总酸量　不高于0.9%。

3. 固酸比　不低于10:1。

4. 可食率　不低于70%。

二、果实的成熟过程及成熟果实的生理变化

柑橘果实发育到成熟期,代谢强度降低、呼吸减弱、果皮果肉着色、糖分增加、酸分降低、果汁增多、组织软化、产生香气。

(一)可溶性固形物和糖含量增加

随着柑橘果实的成熟,果肉中的糖类、淀粉、果胶质以及多糖类水解产物等不断增加,使可溶性固形物含量提高。当果实达到生理完熟阶段时,可溶性固形物和糖含量也达到最高值。柑橘果汁固形物主要是糖类,主要有果糖、葡萄糖和蔗糖,随果实生长发育,糖类不断增加,到成熟达到最高峰,过熟不采,糖很快下降。刚采收的甜橙,糖反而有增加,是因为葡萄糖异生作用停止后,己糖向蔗糖转化仍在继续,以有机酸作为碳代谢的基质,不断积累糖。

(二)酸含量减少

柑橘果实中的有机酸主要是柠檬酸,占总酸量的 60% ~ 90%,是柑橘特有的酸,次为苹果酸,约占柠檬酸的 10%。柠檬酸在果实发育初期积累最快,随果实发育而降低,到成熟降至适宜标准,使果实甜酸可口,具特殊风味,果实过熟后,酸继续下降,品质随之下降。

(三)维生素 C 的含量变化

柑橘果实富含维生素,有维生素 A、维生素 B_1、维生素 C、维生素 B_{12}、维生素 B_6、维生素 PP 等,都是人体营养的重要来源。维生素 A、维生素 B_{12}、维生素 B_6、维生素 PP、叶酸、泛酸等果皮比果汁含量高,维生素 C 1/4 在汁中,大部分在果皮中。每 100 毫升果汁中有 40 ~ 70 毫克。随果实发育、成熟逐渐增加,到充分成熟后达

最高峰，之后逐渐下降。

（四）组织软化和果汁增加

组织软化是柑橘果实成熟的重要标志之一。果实成熟时产生乙烯，使细胞间隙中的不溶性原果胶变成可溶性的果胶或果胶酸，使细胞中的黏结组织被破坏，细胞膜透性增大，从而使果皮和果肉组织变软。幼果期果汁含量少，成熟以后增加，是由于可溶性固形物增加，果汁渗透压增加，吸水力加强，果汁增多，沙瓤中的薄壁细胞进一步破坏消失，至成熟果汁充满沙瓤。已经成熟，以后果汁还会上升一段时间。

（五）果实着色

果实成熟时产生的乙烯能破坏果皮中的叶绿素，使果皮叶绿素消失，类胡萝卜素（系胡萝卜素、叶黄素、花青素和番茄红素的总称）呈现。乙烯破坏叶绿素的作用在20℃左右的气温时最为明显，高于34℃或低于7℃的气温都难以使果实有良好的着色。

（六）芳香物质生成

果实进入成熟阶段，由于细胞气体交换减弱，使乙醇、乙醛、酮、酯等挥发性芳香物质的合成加快，产生香气。

（七）苦　味

柑橘中苦味物质可分为黄烷酮糖苷、三萜烯和三萜系化合物（柠碱）两类。前一类有柚皮柑、新橙皮柑、枸橘柑等，后一类有柠檬苦素等。柚皮柑在柑橘中分布最广，柚皮柑和新橙皮柑均具苦味，葡萄柚积累新橙皮柑多，皮层最厚时，黄烷酮苷达高峰。柚和葡萄柚的果实成熟后柚皮苷减少，品质改善。

(八)氨基酸含量的变化

游离氨基酸是柑橘果汁中可溶性固形物的重要组成部分。果实发育期间果汁中游离的氨基酸的量和质都在变化。伏令夏橙发育初期的果实,天冬酰胺的含量丰富,其次是丝氨酸和天冬氨酸;而在其成熟期间脯氨酸增加最快,成熟果实的脯氨酸可占果汁中固形物的2.67%。华盛顿脐橙和尤力克柠檬果实中的脯氨酸含量也很高。

三、果实采收

柑橘果实的采收是柑橘生产上的最后一个环节,同时又是进行果实商品化处理的最初环节。采收期与果实的产量和质量有着密切关系,采收质量直接影响到果实的耐贮性和抗病性。只有适时、精细、无伤采收,才能获得优质柑橘果实,才能满足鲜销、贮藏、加工对原料质量的要求。

(一)适时采收的意义

柑橘果实一旦采收,营养成分一般不再提高,为保证果实的质量,应达到成熟度标准才能采收。过早采收糖分积累不充分,含酸量偏高,色泽不佳,贮藏后果实品质不佳;采收过迟,不耐贮运,易致腐烂、脱水。所以,适宜的采收时期应当把握好,这是获得高品质果实的关键环节。

(二)采收技术

1. 采收工具的准备　采收工具应以不伤果实、轻便耐用为原则。应用专用的采果剪、采果袋、转果筐(篓或箱)及采果梯等。果剪应是光滑的圆头形,剪口锋利,合缝,以减少采果时造成果面损伤和果蒂开裂;采果袋是采果时随身携带的盛果容器,容量适当(一般以10千克左右为宜),一般以布料等制成,下端可安装拉链等,便于果实从采果袋卸出。果实采后及时装入果箱中,果箱容量一般以20~25千克为宜,装果至果箱的3/4处即可,以免压伤果实。采果梯以双面梯为宜,可灵活调节高度,又不致将梯架靠在树冠上损伤枝叶。采果人员应先将指甲剪平,戴上手套,以避免造成果面指甲伤。采收时要轻拿轻放,严禁抛掷,尽量减少周转环节,以免造成果实伤害。

2. 采收技术及注意事项 果蒂伤口是柑橘果实腐烂的重要原因。原则上,每一果实都应严格采用"复剪法"进行采收,即第一剪从距果蒂1厘米处剪断,第二剪再齐果蒂将果梗剪平,保留完整萼片(带叶果鲜销不须复剪)。采收时勿将枝叶及"高桩果"混入果箱,以免刺伤果实。一般应整株采收,采收顺序由外到内,由上而下依次进行采摘,果枝离手较远时,不要攀枝拉果,以免造成树体和果实伤害。

采收应在晴天上午露水干后进行。凡遇下雨、落雪、打霜的天气以及树上水分未干或刮大风时,都不应采果。大雨大风后应隔两天以后采收,不要使果实采收后遭遇日晒雨淋,以免降低果实的耐贮性和抗病性。

四、果实贮藏

(一)品种贮藏特性

一般柠檬、柚耐贮性最强,其次为橙类,再次为柑类,橘类最不耐贮。但也并非完全如此,如蕉柑比脐橙耐贮。同一种类不同品种间的耐贮性通常是,晚熟品种 > 中熟品种 > 早熟品种;无核品种不如有核品种耐贮。在适宜贮藏条件下柠檬可贮7~8个月,甜橙为6个月，温州蜜柑为3～4个月，而橘仅可贮1～2个月。

（二）贮藏的适宜条件

1. 温度　温度对采后果实的影响主要表现在呼吸作用上，在一定范围内，随着温度的升高而加强。随温度升高，除呼吸外，蒸腾、后熟老化都加快进行，引起果实变质，大大降低果实耐贮、抗病性能，温度越高，果实越易腐烂。因此在柑橘果实贮藏中，控温是一项重要工作，要尽可能使库内保持较低而稳定的温度，但过低则会引起果实的低温伤害，发生水肿病。甜橙以3℃～5℃，温州蜜柑5℃～7℃，红橘10℃～12℃的贮温，效果较好。

2. 湿度　采后的果实不断蒸腾局部失水，造成失重、失鲜，湿度越大，水分蒸发越慢，果实失重越小；反之，果实失重就大。柑橘果实含有80%～90%的水分，如贮藏环境中湿度过低，就会引起果实萎缩，果面起褐斑，果肉带有酒精味，不仅自然损耗率高，而且影响品质，售价不高，经济效益受损。一般橙类要求90%～95%相对湿度，橘类80%～85%即可。

3. 气体成分　适当降低空气中的氧含量或者增加二氧化碳含量，都能有效地抑制呼吸，延缓后熟衰老，提高品质，延长贮期，但是二氧化碳的浓度过高或氧的含量太低，果实会出现二氧化碳伤害。一般认为，柑橘果实贮藏的气体成分氧不能低于17%～19%、二氧化碳不能超过2%～4%。

（三）常见的贮藏方法

柑橘的贮藏方式很多，管理技术也不相同，但各种贮藏方式，根本上都在于提供一定的贮藏环境和相应的措施，以抑制微生物的活动和延缓果实的衰老，即最大限度地减少果实品质变劣和腐烂损失，延长鲜果供应期。因此，各种贮藏方式所具备有利条件的程度和管理水平的高低，决定了贮藏效果的差异。

1. 简易贮藏 主要来自于产区果农贮藏经验。其原理是依靠自然的温度与气体调节，有一定的使用局限性。但由于成本低、使用方便，在各柑橘产区应用很广。民间方法很多。如用松针、谷壳和菜籽壳、河沙等作铺垫保湿材料贮藏，也有用缸等容器贮藏。

(1)*简易房贮藏* 选择土壤湿润，遮荫、不漏风的民房作库房，其内安装竹架铺上竹帘作贮床或直接在地面上铺稻草或松针等作贮床，贮床宽2米左右，中间留有过道。入库前半个月将房屋打扫干净，并用硫黄(0.5千克/10立方米)熏蒸，隔几天在地面上洒水(50升/3立方米)，以人踩地现脚印为宜。采果前2～3天再用多菌灵500毫克/升对房间进行消毒。果实采收后当天进行药物处理，先预贮10天。此后可将果实进行装箱、筐堆码，或散堆在稻草或松针上。果实装箱或散堆时，果蒂向上，一般放2～4层。果实散堆时，其上须覆薄膜遮灰、保湿。60～80天后进行第一次检验，整个贮藏期检查2～3次。用此法贮藏色泽好，前期腐烂少，后期腐烂多，贮期不能延至3月底。

(2)*地窖贮藏* 窖藏是四川省南充地区果农普遍使用的甜橙贮藏形式。由于窖内湿度大、温度稳定、空气相对静止、且含有少量二氧化碳，因此窖藏果实新鲜饱满，失重小，褐斑少，贮期长。室内、室外均可建窖，但均须选择地势较高、土壤干燥、地下水位低、土质坚硬不易倒塌的地方。窖形以“三角瓶”式最普遍。其主要缺点是容量小，操作管理不便，果实出窖后货架期较短。

此外，在三峡库区也有利用山洞进行柑橘果实贮藏的，这种方法应注意开凿通风孔道，以利于通风换气。

2. 地下库贮藏 地下库兼具地窖和地面通风库的某些优点，库房冬暖夏凉，温、湿度稳定，并能利用外界的自然冷源。因此，柑橘果实贮藏效果良好，贮期较长。

(1)*库址选择和库房建立* 地下库可以建造在原有仓库或包装房下层，也可另建，但均须选择地势高、土层厚、地下水位低、土壤结构紧密、保水性好的地方。建造的地下库不宜过宽，每一库房可由几个平行的长方形小库组成，大库的库门应朝北，由门向里辟一条向内倾10°～15°角的冷风通道，小库之长为20～30米，宽3.2米，高2.4米左右，库顶砌成拱形，最好用青砖，库内不宜用水泥、石灰粉刷，以保持青砖的吸湿特性，避免库内滴水，库内地面保持原土，以利透水和保湿。库房分3个系统即隔热保湿系统、灌排调湿系统和通风换气系统。

(2)*库房管理*　地下库的贮藏和管理与通风库大致相同。但因地下库具有冬暖夏凉的特点，在入库前库温高于气温，因此，果实进库前须敞库2～3天，使库温接近外界气温才能入库。湿度大的地下库，果实可以不包薄膜。如果贮藏宽皮柑橘，必须经过3～5天的预贮，以减少枯水。贮藏期间，当库内湿度偏低时，可在沟内灌水，增加湿度；当湿度过大时，暗沟内的水排入贮水池，并开窗通风，降低库内湿度。

3. 自然通风库、改良通风库、控温通风库贮藏　通风库贮藏是采用良好的隔热建筑，利用库内外温度的差异和昼夜温度的变化，利用通风换气的方式，保持库内比较稳定的适于果实贮藏的温度。这是一种依靠自然温度调节库内温度实施柑橘果实最普遍的一种贮藏方式，产、销地区都适用。按其通风、控制温度的方式可分为自然通风库、改良通风库和控温通风库。其优点是不需要机械设备，建筑费用低，贮量大。同时有较完善的通风设备，操作方便。其缺点是温度受环境影响明显。

4. 冷库贮藏　冷库具备好的隔热设备和冷冻装置，可任意控温，不受季节、地区限制，可周年贮藏，但冷库建造投资较大，工艺复杂，目前主要集中在大、中城市，多用于梨、苹果和其他干果贮藏，也有用于柑橘贮藏。冷库贮藏果实的关键是要控制好温度、湿度和气体成分。

(1)*温度*　根据不同种类，确定贮藏温度，甜橙以3℃～5℃、温州蜜柑以5℃～7℃、椪柑以7℃～9℃、红橘以10℃～12℃为宜，如短期贮藏，温度可适当偏低，如长期贮藏，温度可适当提高，以防止生理病害发生。为使库温迅速达到需要的低温，果实进库前要经预冷散热，并限定每天的进库量不超过库容量的1/10～1/5。

(2)湿度　冷库控制湿度比温度难。由于制冷时空气中的水蒸气不断析出，凝结在蒸发器上而导致湿度偏低，故应在风口安装自动喷雾器。

(3)气体　冷库内积累过多的二氧化碳和其他有害气体，选较低温的早晨通风换气，保持二氧化碳在1%、氧含量在17%～19%的适宜范围内。通风换气的同时应开动制冷机械，以减缓温、湿度的变化。

5. 留树贮藏　柑橘果实在成熟过程中没有明显的呼吸高峰，果实成熟期较长。利用这一特性，可在柑橘果实将成熟时，用植物激素或植物生长调节剂处理(适用于甜橙)，或建立简易设施(适用于宽皮柑橘)，能使果实在树上保持较长时间而不致脱落，从而达到留树保鲜、延期采收的目的。留树果实色泽和可溶性固形物含量增加，柠檬酸减少，风味变浓，品质提高。采用此法的果树，树龄需在6年以上。果实留树保鲜期间，应对树体加强综合管理。具体做法是：甜橙类果实在由深绿色变为浅绿色时(10月下旬或11月初)，喷20～40毫克/升2,4-D，60天后喷第二次，可留树80～100天。锦橙喷布15～30毫克/升赤霉素和50毫克/升2,4-D，以后每个月喷1次，共喷2～3次，可使锦橙成熟推迟1个月，留树至翌年1月下旬采收，稳果率在95%左右。宽皮柑橘类树冠覆膜结合树盘控水可使果实延迟采收60～80天。只要加强果实留树期间肥水管理和适当控制留果量(一般留果量控制在大年结果量的70%左右)，不会影响翌年产量。留树贮藏的树，应适度控水。但树叶有萎蔫迹象时须结合施肥及时灌水，每株应施腐熟人粪尿(或畜粪)50千克，另加草木灰2.5千克，过磷酸钙、氯化钾各250克。

留树贮藏的果实采后贮藏期不长,甜橙有 20~40 天,宽皮柑有 10~20 天。温州蜜柑留树贮藏易发生浮皮现象。此外,留树贮藏不宜在同一株树上年年进行。

五、果实采后处理

(一)采后处理的意义

对柑橘进行采后处理,是柑橘从数量型向质量型、健康型发展的需要,是增强市场竞争力的需要,是进入国际市场、扩大出口的需要。采后处理技术已经成为发展我国柑橘产业不可或缺的一项技术。柑橘采后处理是提高产品竞争力和产品价值的重要手段。通过采后处理,可大大提高果实的外观质量和品质,提高果实的商品价值,使柑橘的市场竞争能力和经济效益显著提高。

(二)采后处理的方法

1. 分级 为使销售的果品规格一致,便于包装、贮运,又能体现优质优价,必须按照柑橘果品规格标准进行选果、分级。首先在果园里将刚采下的果实进行初选,剔出腐烂果、伤病果、畸形果、无蒂果和小果。用作商品化处理的果实,则需进行精选,果实的精选分级一般分为分组和选果两个环节。分组是按果实大小,分成几个组别,以利于装箱排列,防止挤压,使商品果品整齐美观和计量方便。柑橘分组标准是以果实最大横径为准,每个组别的差距一般为 5 毫米。目前普遍使用的工具是分组板,有条件的地方可以使用分组机。国内主要品种 1、2、3 级果实横径标准见表 10-1。选果是按果实质量分等级。根据不同的要求,一般将果实分为外销果、内销果、等外及伤残果。外销果是按照国家出口标准或中外贸易合同条款,从良好的原料果中选出符合要求的果实供出口。必须严格按照标准和合同办事,植物检疫也必须遵守进口国与我国签订的协定或进口国有关进口国植物的检疫规定。外销果除在大小方面符合出口标准外,在选果时一般还须掌握:果形正常,果面清洁,着色良好,新鲜健壮,无损伤与病害,而蚧点、日晒网纹、疤痕、煤烟病、软木性变化等果面缺点应在允许的控制范围内。内销果要严格按照国家规定的等级标准进行选果、分级和包装。果品必须新鲜健壮;具该品种成熟时固有的色泽、正常的风味;果蒂完整,蒂梗平齐,果面光洁,不得有枯水现象。内销果也应根据果实大小,损伤及病虫害情况确定等级。例如,按大小确定为甲级的果实,如因损伤、病害或品质缺陷超过规定标准就应降级:有轻微新伤,则降为乙级;伤口较大,则降为丙级;上级果肉的重伤或有显著的腐烂征兆,则应作等外级或急销果处理。就外观而言,一般自然脱蒂果就要降级,果形不正,色泽不良均不能作为1级,全青果只能是3级以下。等外或伤残果可供综合利用。

表 10-1 国内主要柑橘品种 1、2、3 级果实横径标准 (毫米)

品 种	1 级	2 级	3 级
脐 橙	65~85	60以上	50以上
锦 橙	60以上	55以上	45以上
血 橙	60以上	55以上	45以上
夏 橙	60以上	55以上	45以上
柳 橙	55以上	50以上	45以上
蕉 柑	55以上	55以上	45以上
	(福建65以上)	55以上	50以上
温州蜜柑	60~80	55以上	50以上
椪 柑	65以上	60以上	55以上
	(福建70以上)	65以上	55以上

续表 10-1

品　种	1　级	2　级	3　级
红　橘	60 以上	55 以上	45 以上 （福建 50 以上）
早　橘	55 以上	50 以上	45 以上
本地早	50 以上	45 以上	40 以上
南丰蜜橘	35 以上	30 以上	40 以上
柠　檬	55～80	50 以上	

2. 清洗　柑橘果实在树上要经过几个月的生长时间，果实表面常附有许多尘土、药剂残留、微生物及其分泌物、空气污染物等，既影响果实外观又可使某些病菌萌发侵入果实内部，引起腐烂变质。采后如利用清洁剂洗果，就可除去果面的各种污物，使果面清洁美观，减少病原体。若清洁剂与保鲜剂混合使用，还可进一步降低果实在贮运过程中的损失。洗涤液的种类很多。例如可用1%～2%碳酸氢钠或1.5%碳酸钠溶液洗果，除去表面污物和油质；用1.5%肥皂水溶液加1%磷酸三钠，水温调至38℃～43℃，可迅速除去果面污物；用2%～3%氯化钙溶液洗果，效果也较好。洗果方法可采用人工洗果或机械洗果。人工洗果是将洗涤液放入已消毒的盆或池中，调好水温，将果实轻轻放入，用柔软毛巾、海绵、软木刷等快速洗去果面污物，取出晾干。机械洗果是利用传送带将果实送入，通过机械将洗涤液喷至果面，通过一排转动的毛刷将果面洗净，然后用清水冲淋，干海绵吸干果面水分，通过烘干装置将果面水分烘干。

3. 防腐　柑橘果实采收后，常由于微生物侵染而引起腐烂损失，降低果实鲜度。所以果实采收后常需采用化学防腐保鲜剂进行处理，以减少损失。但防腐剂必须选用高效、低毒、安全并经卫生部门批准使用的防腐保鲜剂，严格按规定剂量使用。主要防腐剂有苯并咪唑类如特克多、苯来特、多菌灵、托布津和甲基托布津等,使用浓度一般为500~1000毫克/升。抑霉唑与苯并咪唑类一样,对青、绿霉病菌具有明显的抑制效果,对黑腐、蒂腐、酸腐等均无效,使用浓度为1000毫克/升。仲丁胺可抑制柑橘青绿霉病、炭疽病、灰霉病等多种病害,部分控制抗苯并咪唑类防腐剂的青霉属菌系,但对蒂腐无效。以0.5%仲丁胺的中性溶液,处理温度不超过45℃,浸果最少1分钟,效果最好。柑橘上用得最多的植物生长调节剂是2,4-D,该剂可延缓柑橘果实的衰老,保持柑橘果蒂青绿,增强果实的抗病力。使用方法为防腐剂加上200~250毫克/升2,4-D浸果。药物处理越及时效果越显著,沥干药水后立即包装。

4. 打蜡 为提高柑橘鲜果质量,涂蜡已经成为柑橘采后保鲜处理的必要环节。果实经过涂蜡处理后,能减少果面水分蒸发,保持新鲜度,防止皱皮萎蔫,预防干疤及油斑病等生理病害;由于蜡液干燥后能在果面形成一层较薄的保护膜,因此可抑制气体交换,降低呼吸强度,减少物质消耗,延长贮藏期;涂蜡后能抑制果实内部酶活性,减慢代谢进程,延缓成熟衰老;同时增加果面光洁,美化外观,提高果实商品性。若蜡液与防腐保鲜剂配合使用,还可收到更好的防腐保鲜效果。蜡液是将蜡微粒分散在水或油中形成稳定的悬浮液。果蜡的主要成分是天然蜡、合成的或天然的高聚物、乳化剂、水或有机溶剂等。这些原料都必须对人体无害,符合食品添加剂的标准。还可以在蜡液中加入食品色素和抑菌剂来改善果实的色泽,减少腐烂。涂蜡的方法分为人工涂蜡和机械涂蜡。人工涂蜡是将洗净、风干的果实放入调配好的蜡液中浸透(30~60秒)取出,用蘸有适量蜡液的毛巾或棉花将果实表面的蜡液涂抹均匀,晾干即可。机械涂蜡是将蜡液通过特制的喷嘴,压成细雾,经过自动装置向同一方向转动的马尾刷,将果面蜡液刷抹均匀,擦光,并经干燥装置烘干。机械涂蜡效率较高,涂抹均匀,果面光洁度较好,果面蜡膜厚度也易于控制。

5. 包装、装潢及标志　包装是保证果实安全运输的重要措施。包装后的果实，可减少在运输、贮藏和销售过程中的相互摩擦、挤压、碰撞等所造成的损失，可以减少病害传染，减少水分蒸发，延长货架期和贮藏寿命。柑橘果实的包装应符合牢固、经济、实用、美观的原则。因此，包装容器的形状、大小规格和装潢图案色彩等，都应根据使用目的和对象来确定，如为便于零售，则以小包装为宜；长途运输，以箱装为好；作为礼品用，可设计成精巧美观的便携式包装。包果材料一般用质地柔软、坚韧、不易破碎、具一定通气防水性的纸张，或厚度为 0.08～0.2 毫米的薄膜。果实如用纸包，每个果子包一张纸，交头裹紧。甜橙、宽皮柑橘的包装交头处在蒂部或顶部，柠檬交头处在腰部，装箱时包装纸交头处应全部向下。包装容器要求材料质地坚固，能承受一定压力，不易变形，无不良气味，价格低廉，就地取材，大小适度，便于堆放、搬运，内部平整、光滑。一般采用瓦楞纸箱包装，这样大小整齐，提高了库容利用率。现在钙塑箱、硬塑料箱也用于果品包装。使用纸箱时，应在箱的两侧及箱顶留下一定的通气孔，以利于通风换气。果实装箱时，底层果实的果蒂应向上，上层果实的果蒂应向下，中间层的果实，果蒂向上向下均可。柠檬果实装箱应横放。一个果箱只能装同一组别的果实，并且有固定的排列方式。装箱完毕后，须对重量、质量、等级、个数、排列、包装等各项指标检验，合格者即可成件。

思考题

1. 为什么柑橘果实要适时采收？如何判定果实是否达到采收标准？

2. 果实的采收技术包括哪些环节？

3. 柑橘果实贮藏有哪些技术要求？如何有效贮藏？

4. 柑橘果实采后处理包括哪些环节？

附录　柑橘栽培周年管理工作历

月份	物候期	栽培工作要点	病虫害防治要点
一	相对休眠期	1. 防冻(烟熏、干旱灌水) 2. 维修、水土保持 3. 全园深翻清园 4. 喷2,4-D防夏橙、血橙落果	喷1.5波美度石硫合剂清园消毒防红蜘蛛。松脂合剂10~15倍液防介壳虫
二	相对休眠期	1. 当月下旬施萌芽肥 2. 当月下旬定植幼树 3. 当月下旬播种、砧木移栽 4. 当月下旬切接 5. 血橙及晚熟脐橙品种采收、夏橙套袋防返青 6. 当月下旬整形修剪	防树脂病,用50%托布津100倍涂干
三	萌芽期	1. 继续2月份工作 2. 如上年冬季发生冻害,进行冻后恢复生产管理(如枯枝、枯叶修剪及修剪后的保护等)	①防红蜘蛛,喷1波美度石硫合剂;②修剪伤口保护剂配方:黄泥加少量石灰和适量2,4-D液(100毫克/升)调成糊状即成;③冻后防树脂病,刮除病部,涂50%退菌特可湿性粉剂500~600倍液
四	现蕾、花期	1. 压埋绿肥 2. 夏季绿肥播种 3. 注意排水 4. 蜜柑抹春梢保果 5. 高接、靠接	①防红蜘蛛,花前喷5%尼索朗3000倍液,花后喷73%克螨特3000倍液;②防花蕾蛆,显蕾期喷20%速灭杀丁乳油3000~5000倍液;③防脚腐病、流胶病,露蔸后刮除病部,涂25%甲霜灵可湿性粉剂200倍液;④钩杀天牛幼虫

续　表

月份	物候期	栽培工作要点	病虫害防治要点
五	花期	1. 根外追肥与疏花疏果、保花保果 2. 树盘覆草、干旱灌水 3. 夏橙采果	①防疮痂病，喷50%退菌特500倍液；②捕捉天牛成虫，减少5～6月份产卵量；③防矢尖蚧，喷40%速扑杀2000～3000倍液；④防溃疡病（疫区），喷0.3%等量式波尔多液等
六	第二次生理落果夏梢期	1. 根外追肥与生长调节剂保果 2. 干旱灌水 3. 夏梢摘心或抹芽 4. 幼树压埋绿肥	①防锈壁虱，喷1%灭虫灵乳油5000倍液；②刮天牛卵、幼虫；③防潜叶蛾，喷拟除虫菊酯类农药2000～5000倍液；④防溃疡病（疫区），喷77%可杀得500倍液
七	壮果期	1. 施壮果肥 2. 干旱灌水 3. 夏季修剪 4. 结果过多树疏果	①防锈壁虱，喷20%哒螨酮可湿性粉剂4000～5000倍液；②当月下旬防潜叶蛾，喷2.5%敌杀死2500～5000倍液（7月下旬至8月上旬产生为害秋梢）
八	壮果期 秋梢期	1. 干旱灌水 2. 大年结果树加施肥 3. 根外追施磷、钾肥 4. 芽接 5. 嫩籽播种 6. 温州蜜柑防日灼	①防潜叶蛾；②防锈壁虱
九	壮果期 秋梢期	1. 根外追施钾肥防裂果 2. 过旺幼树环割、拉枝促花 3. 芽接育苗、高接换种	防吸果夜蛾（黄酒、醋各1份，砂糖2份，水10份配成诱杀剂）

续　表

月份	物候期	栽培工作要点	病虫害防治要点
十	早熟品种成熟期 花芽开始分化期	1. 采收早熟温州蜜柑与枳壳 2. 施采果肥 3. 播种冬季绿肥 4. 幼树定植 5. 砧木苗移栽	①防吸果夜蛾；②防红蜘蛛(冬卵孵化盛期)
十一	中熟品种成熟期 花芽分化期	1. 采果及贮藏 2. 施采果肥 3. 幼年树果园压绿扩穴 4. 幼树定植 5. 喷2,4-D防夏橙、血橙落果	
十二	相对休眠期 花芽分化期	1. 采果及贮藏 2. 培土防冻 3. 建园与维修水土保持工程 4. 夏橙、血橙喷2,4-D	喷石硫合剂清园